假装
自己很外向

你在迎合什么

杨思远 ———— 著

天地出版社 | TIANDI PRESS

图书在版编目（CIP）数据

假装自己很外向 / 杨思远著. —成都：天地出版
社，2022.11

ISBN 978-7-5455-7240-7

Ⅰ.①假… Ⅱ.①杨… Ⅲ.①人格心理学 Ⅳ.
①B848

中国版本图书馆CIP数据核字（2022）第165482号

JIAZHUANG ZIJI HEN WAIXIANG

假装自己很外向

出 品 人	杨　政
作　　者	杨思远
责任编辑	孟令爽
责任校对	马志侠　黄珊珊
封面插图	五　月
封面设计	仙境设计
内文排版	麦莫瑞文化
责任印制	王学锋

出版发行　天地出版社
　　　　　（成都市锦江区三色路238号　邮政编码：610023）
　　　　　（北京市方庄芳群园3区3号　邮政编码：100078）
网　　址　http://www.tianditph.com
电子邮箱　tianditg@163.com
经　　销　新华文轩出版传媒股份有限公司

印　　刷　玖龙（天津）印刷有限公司
版　　次　2022年11月第1版
印　　次　2022年11月第1次印刷
开　　本　880mm×1230mm　1/32
印　　张　8.5
字　　数　205千字
定　　价　59.80元
书　　号　ISBN 978-7-5455-7240-7

你总是活成别人的开心果，

却做不了自己的守护神

午夜。

坐在回家的出租车上，周祺戴上耳机，瘫在后座上，一边浏览这座城市的夜景，一边听着音乐。"啊，终于可以放松一下了！"此刻，她忍不住发出这样的慨叹。

就在两个小时之前，作为一家企业市场部总监的她，还在公司举办的晚宴上和客户们推杯换盏，笑语盈盈。她周到而细心地穿梭在新老朋友之间，询问他们对公司的产品和服务有什么意见，偶尔和其中一些人商量最近去哪里打场球。

她性格阳光开朗，总是表现得积极主动，让所有人都觉得她能量满满。可只有她自己清楚，在热情爽朗的外衣下，她早已身心俱疲。她很想找一个安静的地方，无人打扰，只是一个人待会儿。

生活中，你是否也有过这样的时刻？

在很多人面前极力表现出一副开朗的样子，内心却疲惫不堪；在各种聚会活动中看似和谁都很熟络，内心却觉得很孤独；身边人都说你很外向，可你自己明白，这一切不过是伪装出来的……"外向"只是你惯用的一张面具，帮你隐藏了真实的自己。我称之为"假性外向"。

"外向"这个词最早是由心理学家荣格提出来的——他在1921年出版的代表著作《心理类型学》中提出了"内向"和"外向"的概念。他认为，"内向"的人能量指向内部，他们从独处中获取能量，因此他们更喜欢安静；"外向"的人能量指向外部，他们从社交中获取能量，因此他们大多开朗活泼，喜爱社交。

在社会发展的过程中，"内向"和"外向"更多地被用来描述人的性格特征。当我们说一个人很"外向"的时候，我们大脑中会自动浮现出这个人开朗健谈的画面；而当我们说一个人"内向"的时候，我们就会不自觉地给他打上"木讷""不善言辞""没什么朋友"等一系列标签。

人是社会型动物，想要自身获得发展，就需要不断地与社会进行链接。客观来讲，性格外向的人确实比性格内向的人更容易完成与他人的链接，这就导致我们整个现代社会更加崇尚"外向"。

无论是学校教育还是家庭教育，我们总是被倡导做一个外向的人：老师教导我们要"融入集体""积极主动"，家长告诉我们"见到亲戚朋友要主动问好"。整体的社会偏好如此，于是"内向的人"仿佛成了不受欢迎的代表，甚至在某些时刻，性格内向被视为失败的注脚。在这种集体无意识的作用下，"内向的人"往往也悄悄地给自己贴上了"我不好""我不应该这样内向"的显著标签。

因为觉得"我不好""我不应该这样内向"，"内向的人"开始寻求改变，他们努力地让自己看起来外向一些，努力地去迎合这个社会的"标准"，以期获得精神上的认同，满足内心深处对归属感的渴求。

当很多人不顾自己内心的真实感受，开始扮演"外向"时，"假性外向"便有了真实的演绎空间。

当然，"假性外向"并非一个完全负面的词汇。由于社会角色的需要，我们每个人在人际互动过程中多多少少会戴上一些人格面具，"假性外向"便是其中之一。

就像前文提到的周祺，由于工作需要，她在一些特定的场合必须表现出自己的外向性，以确保工作能够顺利开展。在这种情况下，"假性外向"非但不是负面的词汇，反而有诸多积极的意义。

"假性外向"真正的问题，不是你在社交中展现出自己开朗健谈的一面，而是你忽略了自己内在的真实感受，否认自己的内向性，试图把自己完全改造成一个符合大众期待的所谓"外向的人"。你可能常常会开怀大笑，但是你知道，自己其实一点儿都不快乐。

还以前文提到的周祺为例，假如她真的是一个内向的人，在特定的工作场合扮演"外向"之余，她必须承认自己的内向，每天给自己留出一些独处的时间，获得心理能量。这也意味着，她需要拒绝一些善意的邀请，承担可能引起的误解或非议。如果她做不到这些，而是一味地满足他人，努力成为"外向的人"，那么她的心理能量将会持续地消耗下去，使身心健康受到极大的影响。

我们表现出自己外向的一面，甚至假装自己很外向，这些都不是问题，问题是不要否认自己的内向，不要完全活在他人的期待里，也不要忽略了自己最真实的感受。

当全世界都在为"外向"欢呼喝彩的时候，我们可以淡定地回应：内向，也挺好。

我希望你常常开怀大笑，但不是出于假装，而是因为真的快乐。

杨思远

CONTENTS ·· 目 录

外向孤独

内在疗愈

边界思维

4 PART

关系真相

自我重塑

PART
1

外向孤独

我们如果能够允许自己让别人失望，就不会强迫自己去做一个所谓的社交达人，也不会那么在意别人的喜怒哀乐。

不想社交疲劳，从敢让别人失望开始。

活成别人的开心果，却做不了自己的守护神

段丽丽是大家公认的开心果。无论是谁发起的聚会，只要有段丽丽在，就没有搞不活的气氛。也正因如此，段丽丽的生活中从不缺少聚会。

聪明、大方、热情、幽默……这是身边大多数人对段丽丽的印象。可是，她不明白为什么，在她自己看来，总是隐隐觉得那不是真实的自己，在阳光的外表下，好像藏着一个疏离的、不爱与人打交道的孤独的自我。

"为什么每次聚会之后我都感觉有点儿心累呢？"

"为什么我时常有一种想要逃离人群的冲动？"

"热情的？冷漠的？到底哪一个才是真正的我？"

　　在收获了"聚会达人"称号的同时，段丽丽时常产生这样的困惑。

　　事实上，每个人都有一个"叙事性自我"——在一段较长的时间里，我们会赋予自我表现一定的意义，以回答"我是谁"的永恒疑惑。

　　如果在一段时间里，我们的均值表现是连续的，那么"叙事性自我"就很容易表达出"我是谁"；但如果我们的表现是混乱的、冲突的，那么我们就无法获得"我是谁"的答案，在内心深处引发关于自我认同的焦虑。

··· 2 ···

　　段丽丽到底怎么了？为什么明明很开朗的人，却总觉得自己有点儿孤独？你是否也和段丽丽一样，迫不及待地想要获得这个问题的答案？

　　仔细回想一下，我们身边那些"聚会达人"，他们除了永远能量满满、充满热情外，是否有以下不太被人注意的特点：他们总是能够轻易打开别人的内心，擅长捕捉不易被察觉的情绪；总能让和他们聊天的人感觉很舒服；他们好像特别擅长自嘲，总是表现得没什么需求……

通过以上描述，你看到了什么？除了"聚会达人"的光环，你有没有看到一个隐藏着的"情绪贡献者"，或者叫作"情绪照料者"的人物形象呢？

想想看，在一场又一场的聚会中，一个人想让大家都对他满意，收获五星好评，就要照顾所有人的情绪，满足所有人的需求。他怎么可能不感到心累呢？

漠视自己的情绪需求，而选择做别人的情绪能量站——这就是段丽丽能够成为"聚会达人"的秘诀，也恰恰是她感到心累和孤独的原因。

···3···

不是每个人都能成为像段丽丽那样的社交达人，因为这需要一种"天赋"：对情绪高敏感。

从很小的时候起，段丽丽就发现了自己的这种"天赋"。比如，在课堂上，她能敏锐地察觉到老师什么时候要发火；课间和同学玩耍的时候，她通过某个同学快速闪过的眼神就能判断出对方是否想和自己玩。

像段丽丽这样对情绪高敏感的人，在生活中有很多，他们存在一些共性。

首先，他们有极强的共情能力。

比如阅读一本书或者观看一部影视剧的时候，他们能够轻易"入戏"，让情绪随着虚构人物的命运大起大落。此外，他们还特别能够理解别人的感受，所以生活中很多人愿意和他们说些知心话。

其次，他们观察细节的能力特别强。

他们自己也不太清楚，为什么别人注意不到的细节，他们总是能够敏锐地捕捉到，同时会不自觉地对这些细节进行分析，并做出进一步的反馈。

再次，他们习惯委屈自己，迁就别人。

他们不仅善于发现别人的情绪，还懂得照顾别人的情绪，常常为了照顾别人的情绪而委屈自己。

··· **4** ···

那么，一个人情绪高敏感的特质是如何形成的？

有些人的情绪高敏感是遗传因素导致的，也就是说，这些人的大脑结构属于先天性异常敏感和过度共情，但也有一些人的情绪高敏感是由后天的养育环境造成的。

当被问及小时候有什么特别经历的时候，段丽丽想起了自己经历过的一段借宿的日子。从小学三年级到初中毕业，由于家距离学校比较远，段丽丽一直借宿在舅舅家。虽然舅舅、舅妈都和蔼可亲，但在段丽丽的记忆里，她在舅舅家一直生活得谨小慎微。

比如她会刻意控制自己的饭量，让自己不要吃得太多；她常常很快地做完作业，然后主动帮舅妈做些家务；她特别喜欢吃的零食也不敢多吃，因为要留给表妹……她之所以这么做，是因为担心舅舅、舅妈不喜欢自己，也怕自己给他们添麻烦。正是从那时候起，段丽丽对别人情绪的变化开始特别敏感。

在段丽丽看来，借宿的环境始终是一种"缺乏安全感的环境"。在这样的环境下，她无法做到真正的放松，反而让自己陷入一种焦虑的状态。为了应对这种焦虑，她必须对周围环境的变化做出敏锐的反应，以免受到伤害。段丽丽的舅舅、舅妈虽然并不会伤害她，但是对于一个未成年的孩子来说，"不受欢迎"的可能性已经是一种难以承受的伤害。她的敏感，不过是自我保护的一种方式。

除了"缺乏安全感的环境"，"批评性环境"也容易培养出情绪高敏感的孩子。有这样一种家庭，父母平时很少夸奖孩子，但只要孩子犯了错误，父母立刻就会批评孩子。如果孩子达不到父母的期望和要求，父母就会严厉地教训或者失望地数落孩子，让孩子深深意识到"我简直太糟糕了"。

父母的这些负面评判会内化为孩子对自己的负面评价，为了摆脱"我简直太糟糕了"的感受，孩子会变得格外敏感，会尽量稳定父母的情绪，因为只有父母开心了，才意味着"我是好的"。长大之后，孩子依然忍不住讨好别人，以保证对方处在良好的情绪状态中。

··· 5 ···

在梳理清楚自己情绪高敏感的成因后，段丽丽提出了一个新的疑问：怎样才能在做社交达人的同时，又不那么心累呢？这是段丽丽需要花时间去认真完成的个人探索。

她需要搞清楚的一个问题是："我为什么一定要做社交达人？不做可不可以？"

对于这个问题，段丽丽几乎不假思索地答道："当然不可以啊！"当被问及"为什么不可以"的时候，她思考了好一会儿，说道："做不了社交达人，就意味着我没那么多朋友、我不被那么多人需要，那样我就没有那么高的价值了，所以不可以。"

也就是说，段丽丽无法接受的不是做不了社交达人，而是自己不被需要、自己没有价值。换言之，真正驱使她去做社交达人的动力是内心深处的恐惧。一个人在恐惧的时候，自然就会妥协、退让，过度卷入他人的情绪里，强迫自己做一个老好人，结果当然会心累。

··· 6 ···

想要社交自如，但又没那么心累，我们就需要放下自己的恐惧。然而，放下恐惧并不容易，因为这需要一个人拥有非常稳定且强大的核心自我。

改变核心自我是一个漫长的、艰难的过程，改变认知则相对简单。

对于段丽丽来说，她没有意识到的是，她一直觉得"我必须对别人的情绪负责，否则他们会不喜欢我"，这是曾经的借宿生活带给她的错误认知。然而，很多时候别人的情绪和我们毫无关系，我们也不需要对别人的情绪负任何责任。

我们如果能够明确这一点，并且在生活中时时对自己加以提醒，就不会在社交中感到那么心累。

我们之所以在意别人对自己的评价，是因为我们无法接受他人对自己的失望，以及自己对自己的失望。可实际情况是，一个人无论如何努力，都无法做到让所有人满意。

我们如果能够允许自己让别人失望，就不会强迫自己去做一个所谓的社交达人，也不会那么在意别人的喜怒哀乐。

不想社交疲劳，从敢让别人失望开始。

表达难过，并不可耻

你身边有没有这样的人：和他们聊天，总觉得他们过得不错，工作很顺利，恋爱很甜蜜，人际关系也很融洽，让你羡慕不已。他们总是脸上挂满笑容，除了把自己的生活打理得井井有条，还常常为别人答疑解惑。

可如果你走进他们的私密空间后，你可能会发现，其实他们同样被一堆问题缠身：他们或许正处于一段人际关系的危机之中，或许正陷入情绪低潮，又或许正经历债务危机……

但是，他们会把这一切隐藏起来，呈现出一种"我很好，我过得很不错"的假象。

有人说，成年人的世界，悲喜自渡。你展露自己的脆弱，无法体现自己的成熟，也换不来任何好处。

所以，很多人在成为成年人的路上，慢慢学会了隐藏自己内心的脆弱和不安。

听上去似乎很有道理，可如果长期把自己的脆弱和不安隐藏起来，生活真的能够好起来吗？自己真的能变得成熟吗？

恐怕未必如此。

··· 2 ···

2021年，一则消息在教育圈引发热议，美国埃默里大学牛津学院的中国留学生张某某自杀了。

张某某是一个典型的学霸，从小成绩优异，托福成绩接近满分。在老师和同学们的印象中，张某某性格开朗，常常面带微笑。

这样一个性格外向、各方面表现都很优秀的人，竟然选择了自杀。

有人猜测，张某某极有可能患上了"微笑抑郁症"。

微笑抑郁症，是一种非典型的抑郁表现形式。患者在别人面前表现得很开心，甚至很有幽默感，但在微笑和乐观的面具背后，他们的内心却充满了无价值感，甚至是绝望。就像很多人在朋友面前保持着很开心的状态，当自己独处的时候，却常常感到悲伤。

近些年，我们常常看到类似的新闻事件，一些平时看上去开朗乐观的公众人物因自杀而离世。

微笑抑郁症，已经成为潜伏在我们身边的杀手。

那些平时习惯表现得"我很好"的人，需要警惕的是：所有被你刻意隐藏起来的负面情绪，可能会给你带来超乎想象的影响。也许一开始这些负面情绪只是让你感觉身体不适，比如失眠或者精神萎靡；但负面情绪在累积到一定程度的时候，便会将你推向绝望的深渊。

···3···

大多数人的抑郁，其实都和自我压抑有关。

自我压抑是指当情绪被唤起时，一个人不做出任何表达性的举动，而是克制自己释放出表现该情绪的表情、行为和语言等，以此掩藏自己当下的情绪体验。

除了情绪外，这类人往往还会压抑自己的想法、欲望。

一个人选择自我压抑，通常和其隐秘的潜意识相关。

记得有一次，我正打算出门办事，刚走出家门，就听到对门邻居家的孩子在哇哇大哭。伴随着孩子的哭声，还有大人的吼骂："你再哭，再哭我还打你，听见没有？"

大人责骂不休，孩子的哭声更大了。紧接着，那位母亲真的又去打了孩子，于是孩子哭得更加撕心裂肺……

站在门口的我实在听不下去，忍不住过去按了一下门铃。那位母亲隔着防盗门看着我，冷漠地问了一句："什么事？"

我很克制地说："听孩子哭了这么久了，你应该也教训累了吧，差不多就得了。"

听完我说的话，那位母亲冷冷地瞥了我一眼，丢下一句"神经病"，然后重重地关上了门。

听着孩子的哭声，我只好无奈地离开。

做心理咨询的这些年，我遇到过很多来访者，他们小时候都有过和被打小孩类似的经历：被父母打骂，父母还不允许自己哭，只要自己一哭，父母就打得更厉害，一直打到自己不哭为止。慢慢地，他们真的习惯了被打的时候一声不吭。

就像这个被打的小男孩一样，一个人在成长过程中，如果他的自我表达总是被忽视，或者他的自我表达总是遭到他人的否定和压制，那么他就会渐渐地学会用压抑代替表达。

那些总是向外界表达"我很好""我过得不错"的人，只是在表面上努力地展现自己作为一个成年人的体面，内心深处却潜藏着深深的恐惧。他们害怕的是，自己的脆弱和不安无法得到别人的回应。

··· 4 ···

有些人自我压抑的形成，甚至发生在生命更早期。

0~1岁，在弗洛伊德描述的心理发展阶段中，被称为"口欲期"。婴儿是通过口腔活动与这个世界进行链接并获取快感的，所以喜欢将各种各样的东西往嘴里塞，这就是口欲期的典型特征。

在口欲期，婴儿要体验和母亲从共生到第一次分化（断奶）的心理发展过程，如果这个过程发展得比较好，就会为孩子将来独立人格的塑造、边界意识的建立等奠定良好的基础；反之则容易出现相应的问题，比如，孩子长大之后很可能会表现出表达困难、言语错乱等行为特征。

为了更好地了解这个阶段形成的表达障碍，我们可以假设一个情境：

你是一个刚出生没多久的婴儿，家门口轰隆隆的火车声经常让你感到害怕，于是你用自己的哭声表达着自己的恐惧。而母亲并不怎么理会你的哭闹，偶尔还会带着责怪的语气拍你几下。你从母亲的反馈中看到了自己的"不可爱""不乖巧""不懂事"，于是你开始在潜意识里责怪自己，并体会到深深的羞耻感。与此同时，你认为用哭声来表达自己的感受是对母亲的攻击，让她体验到了不快。

尽管事实上你并没有错，但你还是在潜意识里认同了自己的羞耻感，认为表达自己就是对别人的攻击。

在你长大后，这个潜意识使你经常允许别人跨过界限对你进行心理掠夺，即使你感到难受，也从来不懂得拒绝。因为你惧怕表达自己的难过，那意味着你要体验与之伴随的羞耻感。

··· 5 ···

那些伪装自己"过得很好"的人，他们内心被过度压抑的负面情绪终将以更加激烈的方式表现出来，比如焦虑症、抑郁症、强迫症等。

伪装必然伴随着内心的恐慌，在隐藏的同时害怕被发现、被戳破，所以假装"我很好"，但这样就会妨碍与他人建立真实而深刻的链接。

一个人要想真的让自己变好，就要敢于表达自己的情绪和感受，敢于袒露自己内心的脆弱和不安。

在我的咨询个案里，有一个案例让我印象深刻，来访者是一位习惯自我压抑的女士。我告诉她："从你和我建立咨询关系这一刻开始，你要学会尊重自我的感受。"

她接下来的一句话让我感到异常诧异，她反问道："什么是自我的感受？"

　　长时间的自我压抑居然让她变得如此麻木，连自己的感受都搞不清楚了。为此我不得不带她去尝试连通自己真实的内在，体验真实的喜悦、快乐、悲伤、难过、委屈、焦虑等情绪状态，然后告诉她，这些就是她的感受。

　　我们要先学会尊重自己的感受，再去勇敢地表达自己。

　　我们每个人最终寻求的，都是真实的自己能够被人看见，从而与外界建立更多深刻的链接，让人生变得更有意义。

　　真实的自己，并不来自刻意的装扮，而是无所畏惧的展现。

我可以和你做朋友，却不能成为你的知心人

吴敏走进咨询室，选择离我较远的沙发的一边坐下来。她转头拿起沙发的靠垫，放在了自己的双腿上。

在心理咨询师看来，来访者的每一个细节都在展示他们自己，信息的获得绝对不仅仅局限于他们说了什么。甚至很多时候，他们所说的内容并不那么可信，反而是他们的行为在介绍最真实的自己。

就像此刻，吴敏正在用她的行为告诉我："我可不想离你那么近。"

吴敏咨询的问题是人际关系：她谈过三次恋爱，每次都以对方提出分手而结束；她觉得"自己好像有很多朋友，又

好像一个也没有"；在家庭关系中，她自认为拥有一个和睦的家庭，可每次遇到烦心的事情，总是选择自己扛，不太愿意找父母倾诉……

相信你已经看到了诸多矛盾的信息：一个人为什么会觉得自己拥有很多朋友，又好像一个朋友也没有？为什么自认为家庭和睦，却做不到遇事找父母倾诉？

想要回答这些问题，吴敏需要一个漫长的探索过程。我无法在一篇文章里把吴敏的自我探索过程全部展现出来，只能按下"快进键"来看看结论。

··· 2 ···

吴敏在建立亲密关系的过程中存在障碍，因为她习惯用假性亲密的方式去建立关系。

真正的亲密关系，需要深刻而自由的链接。在这个链接的过程中，彼此真诚、坦荡、信任，也能展现自己的脆弱，最终达到"我能看见别人，别人也看见了我"的真实美好的状态。这种关系的获得，对于吴敏来说太难了。

就像吴敏刚进入咨询室时表现的那样，她喜欢"我要和你保持点距离"的关系，这种有距离的关系，对她来说意味着安全。她的生活中处处都是这样的关系：谈恋爱的时候，可以和对方约会、吃饭、看电影，但总是没有进一步的发展；和好朋友聚会，一起嘻嘻哈哈地玩耍，看上去很热闹，但几乎不交心；日常生活中对父母的问候和关照从来不落下，但对于自己的人生规划，父母根本不了解……这样的关系，就叫作假性亲密关系，即看起来很亲密，实际上并没有深刻的链接。

··· 3 ···

请你想象一下这样的情境：你正在和几个朋友聊天，你热情地分享着最近上了热搜的明星八卦，但与此同时，你内心惴惴不安，因为你面临着一个现实重压——这个月的业绩如果完不成，你将失去现在的工作。对于这个麻烦，你不想告诉你的朋友们，此刻的你只想让他们看到，你一切都挺好的。想想看，在这场聚会结束后，你会有什么样的感受？

是的，你会感觉很累，因为你在用"我挺好"的假象掩盖自己真实的焦虑。回到家中，你在独自面对自己的时候，会有一种强烈的孤独感袭来：你竟然找不到一个人，能够帮助困境中的自己。

假性亲密关系的危害，就是因不能够展现完全真实的自己而带来能量耗竭，不能够与他人进行深刻的链接，以致产生孤独感。

有研究表明，人的很多身心问题，比如焦虑、抑郁等，都和一个人缺乏与他人进行深刻链接有着密切关系。

吴敏从小到大就没有跟他人建立过深刻的链接，包括自己的父母。吴敏的父母都是老师，在她的记忆里，小时候的家庭氛围特别安静，父母几乎没有争吵过。一家人吃完晚饭后，父亲一般都会钻进书房，母亲就在客厅里忙些家务，而她自己则坐在书桌前乖乖地写作业。虽然没有见过父母争吵，不过吴敏也很少见父母拉手或者聚在一起说笑。

家庭是我们每个人从出生起经历的第一个人生学堂。在这个学堂里，我们学习什么叫作"爱"。对于吴敏来说，像父母那样安静的、有点儿距离的关系就叫作"爱"，所以她也学会了用这样的方式去经营自己和他人的关系。

··· 4 ···

吴敏并不知道，父母保持那种彬彬有礼的夫妻关系，是以压抑他们真实的情感和情绪为代价的。经过长期耳濡目染，她自己也无法表达自己的情感和情绪，因为她担心，在这样的家庭里，没有人会真正关心她内心的感受。

在成长过程中，吴敏的情感、情绪都被自己锁了起来。她小心地藏起了自己的委屈、难过，藏起了自己关于初恋的幻想，藏起了拥有第一份工作时的兴奋……这一切她都不会拿出来与人分享，只是留给自己慢慢品尝。

因为她害怕分享，害怕自己会成为和父母不一样的人，仿佛那就意味着对爱的背叛。可她的潜意识渴望分享，希望自己能真正地被人看见。

渴望成为和父母不一样的人，渴望有人能看见被隐藏的那部分自己，渴望和别人形成部分融入的关系，渴望真正的亲密——这些便是吴敏正在寻找的东西。

吴敏虽然渴望建立真正的亲密关系，但是建立真正的亲密关系对她来说是一项巨大的挑战，因为她已经习惯了隐藏真实的自己。

当"真实的自己"被人看见或者被人接纳的时候,她内心会产生巨大的不安和焦虑,甚至产生怀疑:对方会不会离开自己?真实的自己真的会有人喜欢吗?这会导致她选择再次回到"有点儿距离"的安全关系里。

··· 5 ···

如果想要走出假性亲密关系,和他人建立真实而深刻的链接,获得真实的"爱",吴敏需要做的是:

第一,有意识地消除自己的限制性信念。

吴敏的限制性信念就是"有点儿距离的关系才是安全的关系"。她需要明白,真正安全的关系不是有距离的,而是经过磨合和考验的关系。有距离的关系可以随时分开,但经过磨合和考验的关系则要牢固得多。她需要有意识地提醒自己,努力去创造一段互相磨合、深度链接的关系,并且相信自己有能力建立这样的关系。

第二,玩一个"交换秘密"的小游戏。

从假性亲密关系到真正的亲密关系,是一个循序渐进的过程。在这个过程中，吴敏需要一点点地通过体验去感受"安全"，也就是说，她需要在逐渐展示真实自己的过程中体验到"安全"，才能顺利建立真正的亲密关系。她可以和朋友或者恋人玩"交换秘密"的小游戏，在游戏中展示真实的自我，彼此做到真诚分享，就会慢慢体验到"安全"和信任。

··· 6 ···

在爱的路上，一定会有对峙、冲突和磨难，有让人心痛的种种时刻，也一定会有光芒、鲜花和掌声，有让人感动的无数瞬间。

在漫长的人生中，一个人如果没有体会过真实的爱与被爱，那岂不是太过遗憾？爱是人类最伟大的情感，请打开自己的身心，去体验真实而深刻的爱吧！哪怕痛一点儿，也比麻木要好。

允许别人不开心，是一项获得幸福的超能力

··· 1 ···

周颖走进咨询室后，还没来得及说一句话，就开始哭，不是那种轻轻地落泪，而是闭上眼睛号啕大哭，仿佛旁边没有人一样。

如果这是一个历时很久的个案，我或许不会惊讶，但这是我第一次见到周颖，看着她大哭的样子，我确实有点儿疑惑。

她张着嘴，似乎哭得很费力，时不时拿起旁边的纸巾擦一下眼泪和鼻涕，然后继续坐在那里哭，哭了10分钟左右后，哭声渐弱，转为轻微的抽泣。

"你好像很难过，能具体地和我说说吗？"在她逐渐冷

静下来之后，我这样问道。没想到，听了我的问话，她又开始大哭起来。不过这次持续的时间比较短，大概哭了一分钟后，她停了下来，对我说道："只有你能理解我的难过，他们都不理解。"

你也许对此非常好奇，周颖到底经历了什么重大变故？是亲人突发意外，还是丈夫背叛了自己？

其实都不是。周颖的号啕大哭，只是情绪持续积累的结果，就像地表之下不断涌动的岩浆，时间一久，便喷薄而出，形成火山爆发。

···2···

生活中的周颖，是别人眼中的"老好人"。比如，在公司里，为了让别人开心，不是她的活她也会去干，不是她的错她也甘愿"背锅"；在生活中，话到嘴边的争吵也常常硬咽回去……

可人终究是有自己的感情、知觉、渴望和需求的，当为了让别人开心，把自己的世界搅得七零八落的时候，周颖终于撑不住了。她开始变得厌恶工作，甚至厌恶出门。准确地说，现在她几乎没有勇气和力气出门——她抑郁了。

她把自己这种内在的无力感向身边的人倾诉，却得到了这样的回应：

"你就是精神状态不好，出去旅游一趟也许就好了。"

"好像也没发生什么要紧的事啊，是不是你想多了？"

"给你推荐一部超搞笑的电影，看完保证心情大好！"

......

总之，没有人能够真正理解她的无力。在咨询室里，当我说出"你好像很难过"的时候，她终于有了"被理解"的感受。

一个爱笑的、友善的、懂事的、乐于助人的女孩子，有那么多人喜欢她，也没经历什么重大变故，有什么理由抑郁呢？甚至就连周颖自己也怀疑："我是不是有点儿小题大做了？"

····· 3 ·····

美国精神分析学家杰瑞姆·布莱克曼在其著作《心灵

的面具：101种心理防御》中，梳理了人的101种心理防御机制。心理防御机制，指的是个体面临挫折或存在冲突的紧张情境时，在其内部心理活动中产生的自觉或不自觉地解脱烦恼、减轻内心不安以恢复心理平衡与稳定的一种适应性倾向。

有些人的心理防御是健康的，比如当他意识到某些状况不对，或者别人让自己不舒服的时候，会选择拒绝或者离开；有些人则受成长环境等因素的影响，养成了不太健康的心理防御，比如当他意识到别人对自己产生不满的时候，他会幻想对方其实很喜欢他，只是不好意思表达，等等。

周颖作为"老好人"的一系列表现，其实都不是发自内心的真实意愿，而是她在无意识中做出的防御。我们把这种"处处为他人着想"的防御，称为"利他型防御"。

周颖生活在一个充满"战争"的家庭。

关于儿时的很多记忆都模糊了，但她始终记得父母争吵不休、互相指责，甚至大打出手的可怕场景。小时候，周颖最渴望的事情就是看见下班回来的爸妈脸上能挂着笑容，那意味着他们不会吵架了，自己也就不用那么胆战心惊了。

对于小周颖来说，如果父母开心，自己就是安全的。这

个信念慢慢发展成为她潜意识里的一种认知：别人开心=我不
会受到伤害。

同样，她如果见别人不开心，那么父母争吵的画面就会
在她脑海里闪现，随即引发自己的恐惧情绪。为此，她只好
竭尽所能地让别人开心。

不仅如此，父母的长期对立其实也影响着周颖的自我
认同。作为孩子，她会想："父母是爱我的吗？如果他们爱
我，为什么会争吵？他们之所以会争吵，是不是因为我做错了
什么？"

在父母争吵的那一刻，小周颖会产生自己"是否被喜
欢""是否被认可"的疑问，于是慢慢形成了这样的自我认
知："也许我是错的""也许我是不受欢迎的"。为了让自
己不受到伤害，为了证明自己值得被人喜欢，周颖就会本能
地去讨好别人。

··· 4 ···

某些时刻，一些不健康的心理防御机制确实可以使我们

的心灵避免受到伤害，但与此同时，也禁锢了我们人格的发展，迫使我们用不成熟的方式去处理与他人的关系，最终对自身造成持久的伤害。

周颖的利他型防御，是以压抑自我为前提的。

一个人的自我若受到压抑，必然会形成自我攻击。自我攻击的表现形式有很多种，比如习惯性否定自己、批评自己、厌恶自己，严重的就会像周颖一样，最终表现为抑郁。

若想摆脱利他型防御，就需要改变自己的核心信念，即别人不开心=我不安全，别人不开心=我是错的，这种核心信念是自我发展过程中的"历史遗留产物"，它不等于真实发生的状况。别人不开心有一万种与你无关的可能，而你偏偏将此归因于自己，只因你不是活在当下，而是活在了自己的历史阴影中。

你需要把自我核心信念中的两个"="换成两个"≠"：别人不开心≠我不安全，别人不开心≠我是错的。你必须有意识地练习课题分离：别人不开心是别人的事，与我无关。

你只要能够进行课题分离，你的人际关系就会发生巨大改变。如果再碰到别人不开心的时候，也许你就不会那么焦虑了。

···5···

现实生活中，有太多像周颖这样的人，他们都缺少一种能力——允许别人不开心的能力。

他们在意识到身边有人不开心的时候，会本能地联系到自己：难道是我做错了什么吗？他的"不开心"是在针对我吗？

别人的"不开心"，很多时候和我们没有一点儿关系。

我们应该做的是，走上前去轻轻地问一句："怎么了？需要帮助吗？"而不是让自己陷入"我到底哪里做错了"的自我惩罚。

允许别人不开心，是你获得幸福的一项重要能力。

讨好型人格是怎么回事

一个人为什么会形成讨好型人格？

我们若想了解这个问题，先要知道人是如何成长起来的。

让我们穿越到你呱呱坠地的那一刻：

作为婴儿的你第一次接触这个世界，世界对你来说是全新的、混沌的、未知的，而你本身也充满了无限可能。

你小小的身体里，有一个非常神奇的器官——大脑，它是你身体的指挥中心。在未来的日子里，它会同你的身体一起成长，并且指挥着你和这个世界互动。它会让你先理解具象的存在，然后帮你理解抽象的意义；它会先带你体验简单的情感，然后带你领会人类丰富的精神世界。

每个人的大脑都一样吗？当然不一样。虽然在整体构造上人类的大脑相差无几，但在细微处有着明显的差别。有的人左脑发育得好，那么他可能就会成为语言表达能力极强的雄辩家；而有些人右脑发达一些，可能就会成为个性独特的艺术家。

大脑究竟会发展成什么样，以及不同人的大脑之间会有哪些细微差别，除了遗传因素外，也受后天成长环境的影响。尤其是大脑中处理情感、情绪的部分，受教养环境的影响极大。

我们可以把教养环境简单地分为两大类：一类叫抱持性环境，在这种环境里，幼小的你可以充分感受到来自父母或其他养育者的关爱、重视、回应、支持，你的世界就好像充满了粉红色的泡泡，带给你幸福、快乐、轻松的体验，让你觉得周围的世界是安全可靠的；另一类叫破坏性环境，在这种环境里，你感受到的是被嫌弃、被讨厌，是批评，是争吵，你的世界充斥着乌云和惊雷，让你觉得恐怖极了。

在不同的教养环境中，大脑会习得不同的情感反应模式。一个人的人际交往模式也在自己的教养环境中伴随着大脑的经验反应逐渐形成。

···2···

讨好型人格就是在破坏性环境下习得的一种人际交往和情感反应模式。它指的是一个人习惯把他人的需求和利益置于自己之上，通过讨好的方式和这个世界及他人建立关系。具体而言，讨好型人格的人通常有以下特点：

（1）对于他们来说，拒绝别人是一件非常困难的事。很多事情可能自己并不想做，但还是会违背自己的意愿，答应别人去做。

（2）害怕面对冲突。一旦发生冲突，他们就会自动地回避，哪怕牺牲自己的利益。

（3）内心敏感。他们特别在意别人的感受，感知他人情绪的能力特别强。

（4）害怕麻烦别人。自己能完成的事情，绝对不寻求帮助，否则就觉得亏欠对方。

（5）他们特别看重别人对自己的评价，渴望获得认同。

（6）人际交往中比较怯懦，他们不敢展现真实的自己。

……

··· 3 ···

需要强调的是，"讨好型人格"和"讨好"是有很大的区别的。

一个人想要在社会中获得好的发展，就无法避开人际交往。

在人际交往中，"讨好"是一种普遍又正常的行为，比如逢年过节的时候，给亲戚、朋友、领导、同事送一份礼物；日常生活中，对身边的朋友不吝夸赞等，这些都算"讨好"。这样的"讨好"，本质上是一种社交技巧。

"讨好型人格"区别于"讨好"的是：它是一种固定的人际交往模式。"讨好型人格"的人，除了一味"讨好"，不太会用其他方式与人交际。当和别人产生分歧时，为了和别人保持"意见统一"，为了照顾别人的情绪，"讨好型人格"的人宁愿选择违背自己的真实想法。

"讨好型人格"的人，缺乏人格灵活性，其讨好他人的目的，仅仅是获得他人的认同。

"讨好"作为一种社交手段，它能够被使用的前提是一个人拥有坚实的自我。

一个人的自我越坚实，他跟这个世界的关系就越和谐，他不会在意自己的高、低，更不会在意别人怎么看待和评价自己，所以他才能够很自如地去"讨好"，并创造属于自我的意义感。

··· 4 ···

讨好型人格的人，其讨好的动力是恐惧，而不是自我发展，这样就会带来两个不良后果。

一是自我消耗增加，限制自我发展。

讨好型人格的人，由于过于在意他人的评价，以致将大量的时间和精力花费在自己不喜欢的事情以及不重要的事情上面，而那些对自己真正重要的事情却可能因此被耽搁，从而限制了自己的发展。

　　二是人际关系脆弱，容易自我厌恶。

　　讨好型人格的人，内心都隐藏着一个声音："你看我都这样了，你总该满意了吧？"而在人际关系中，由于他们习惯了压抑自己真实的需求，别人因此无法发现，也就无法满足他们，从而使他们陷入抱怨和自我厌恶中。

　　电影《被嫌弃的松子的一生》就是"讨好型人格"的经典演绎。女主角松子一生中的所有努力，只为活成父亲心目中理想的女儿，为此她不惜丑化自己，牺牲自己。让人难过的是，她坚信自己是不被爱的，所以成长后的每一段恋爱关系，她都是和不爱她的人建立的，哪怕被殴打、被要求做妓女赚钱，她也不会做出反抗。

　　对于讨好型人格的人来说，他以为自己的讨好可以换来被肯定、被爱，实际上换来的却是他人对自己的伤害。

··· 5 ···

　　"过去二三十年里，我总是活在别人对我的期待中，我总是不停地追逐着别人对我的认可，卑微地去满足别人的需求。但就和大多数的'讨好者'一样，我越是寻求别人的认可，越是讨好别人，就越是会被别人不当一回事，越是会被别人看不起，越是会觉得自己一文不值。"

导演姜文在一次采访中，坦言自己从小就不停地讨好妈妈，直到妈妈去世。在他看来，"与妈妈的关系（没处理好）"是自己人生中最失败的一件事。

每个讨好型人格的人，内心都有一种强烈的"做自己"的渴望。对于姜文来说，拍出那些风格独特的电影，或许就是他努力做自己的宣言。

可生活中的大多数讨好型人格者并不像姜文那样幸运，能找到一个尽情地做自己的空间，于是他们就在"讨好"的消耗中逐渐暗淡下去，甚至严重影响了身心健康。

很多文章都探讨过如何摆脱讨好型人格，它们告诉你要尊重自己真实的感受，要建立人际关系中的边界，要勇于表达自己真实的想法。

坦白讲，这些方法可能确实让你感觉找到了努力的方向，但是如果你不能直面内心的恐惧，它们也只能缓解一时之痛，无法从根本上解决问题。

··· 6 ···

讨好型人格者内心深处真正恐惧的，其实是"这个世界充满了对峙和冲突"或"别人不喜欢我、讨厌我"，所以他们试图用讨好的方式构建一个"和谐""充满认同和爱"的世界。

然而，这个世界原本就充满了冲突，我们也很难消除这个世界上的冲突。

既然无法消除冲突，那就卸下内心的恐惧，直面冲突吧。你直面冲突不意味着毁灭，恰恰是与对方共存的一种方式。

我们只有鼓起勇气敲碎自己的幻想，直面人生中的残酷，才有可能活成自己的太阳。

请停止扮演情绪稳定的成年人

不知从何时起，"每天扮演好一个情绪稳定的成年人"的警句在社会上广为流传。

在我看来，这意味着"情绪稳定"正在成为每个人所稀缺的能力。

不过，在扮演"情绪稳定"的过程中，很多人其实混淆了"情绪稳定"和"没有情绪"的概念，从而使自己陷入一种情绪压抑、精神亚健康的状态。

··· 2 ···

我的来访者李甜算是一个典型的代表。

李甜任职于一家新能源汽车公司，负责企划方面的工作。由于近两年新能源汽车行业发展迅猛，李甜平时的工作节奏非常快，加班是常态，甚至常常忙得顾不上吃饭。高负荷的工作给她带来了巨大的心理压力，使她变得异常焦虑。

即便负面情绪积压到让她濒临崩溃，她依然努力克制自己，保持"情绪稳定"。

为了公司周年会的一个活动，李甜连续加了半个月的班，在一天半夜交上已经修改过四遍的方案，但依然被领导驳回的时候，她终于没能忍住，情绪爆发了。

她先是大哭一场，然后在邮件里愤怒地顶撞了领导，就不管不顾地回了家。等回到家平静下来后，李甜又开始为自己的举动懊悔。

她不明白，自己一向心理承受能力很强，这次怎么就没控制住情绪呢？

李甜的情绪崩溃看似偶然，实际上是她压抑自我真实情绪的必然结果。

··· 3 ···

很多人压抑自己真实的情绪，常常出于以下几个原因：

首先，"情感忽视"的家庭更容易培养出情感压抑的孩子。比如有些父母只关心孩子吃得好不好、睡得好不好，却从不关心孩子是否开心或者难过。久而久之，在这样的家庭氛围中，孩子根本无法学会如何表达自己的负面情绪，只能选择自我压抑。

其次，我们所处的社会环境更加倡导"情绪稳定"，并且将其视为一项重要的个人竞争力。在这样的大环境下，每个人都害怕袒露自己的脆弱，害怕自己变成他人眼里的"弱者"，害怕因此错过很多机遇。

再次，如果一个人的成长环境充满了否定和批判，那么他很难获得真正的自我认同，从而阻碍自己表达真实的情绪。他会尽量地展现自己虚假的美好，心安理得地戴好"情绪稳定"的面具，把所有内在的负面情绪隐藏起来。

··· 4 ···

　　情绪其实是人类非常重要的一门语言，自然流露的情绪无时无刻不在向外界展示着一个人最真实的样子。

　　想想看，那些躺在母亲怀里的婴儿，他们虽然不会使用语言，但是可以通过一个微笑、一声啼哭，甚至是一个其他细微的表情表达需求，而母亲也可以通过婴儿的情绪反应领会婴儿表达的意思。这就是情绪语言的巨大魅力。

　　随着年龄的增长，我们每个人在逐渐社会化的过程中，渐渐忘记了自己的情绪语言，不自觉地忽视它，甚至压抑它。这样我们不但丢失了一个了解自我的通道，还为自己带来极多的负面影响，比如突然间的情绪崩溃，会带来生活和工作上的麻烦；情绪压抑导致精神萎靡，失去活力，甚至引发失眠、焦虑、抑郁等精神疾病。

　　要知道，当我们说一个人"情绪稳定"的时候，并不是说这个人没有情绪，而是指这个人有较强的心理韧性，在面临巨大压力的时候，能够客观看待自己的处境，并给出适当的情绪反馈。

··· 5 ···

假如一个真正情绪稳定的人面对李甜的工作环境和工作历程，在应对和处理压力的方式上会有什么不同？

连续高负荷的工作，让李甜疲惫不堪，但她从不会找任何人诉说，而是暗暗地鼓励自己："你可以的，不要让别人小瞧你。"看似正向的自我鼓励，实际上却是对自己情绪的忽视。

而对于一个真正情绪稳定的人来说，他首先会承认自己"撑不住了"，然后再想办法，比如找领导协调，或者找同事求助，从而获得一些支持性的力量，以避免耗尽自己的心理能量。

在活动方案连续遭到领导的否定后，李甜彻底崩溃了：领导到底是什么意思？自己一直在按照他的要求进行修改，而且明明已经把方案修改得很完美了，他为什么还是不满意呢？

这一刻，李甜内心的所有委屈、困惑、愤怒集体爆发了，于是出现了后面不理智的行为。

对于一个真正情绪稳定的人来说，他会先客观评估自己所做的工作，以及对此付出的努力。如果自己觉得工作完成得很好，却仍旧遭到了领导的否定，他会再积极主动地表达自己的想法，以求获得领导的认同或帮助。

所以，什么是真正的情绪稳定？

你首先得看见并承认自己负面情绪的存在，然后学会妥善地处理它们。

··· 6 ···

从事心理咨询工作以来，我常常听到来访者说这样一句话："道理我都懂，可我就是做不到啊。"

那么如何才能让自己修炼至真正的"情绪稳定"呢？

我们需要了解两个基本常识：

第一，几乎所有的负面情绪都源于我们内心的恐惧和脆弱。

这个世界上，有太多令我们感到害怕的东西了，比如害怕别人不喜欢自己，害怕别人比自己优秀，害怕自己不被认同……

我们因为害怕，所以通过伪装的方式保护自己。一旦别人触碰到我们内心的恐惧和脆弱，就会立即唤起我们的负面情绪，也许是愤怒，也许是焦虑。

我们可以试着去承认"就是有人不太喜欢我""就是有人比我优秀""就是有人不认同我"，我们所承认的恐惧和脆弱越多，我们内心的恐惧和脆弱便自然会越少。

第二，我们所了解的自己，不一定是真正的自己。

一个人之所以总是受困于负面情绪，往往是因为给自己设置了太多的限制性信念，比如，"我这么普通，他一定不会喜欢我"，"这件事情好难，我肯定做不到"，"我只有足够优秀，才有资格被爱"，等等。

要知道，所有被限制的信念，都代表着我们内心真正的渴望。

很多限制性信念毫无根据，它们可能是过往某些时刻别人对你说过的一句话，又或者是你对自己进行的一场自我催眠。

无论如何，只要不破除这些限制性信念，我们就无法找到真正的自己。

··· 7 ···

　　尝试去改变这些限制性思维吧，换一种思路，比如"我虽然很普通，但是他也有可能喜欢我""这件事情好难，不过我要是多努力一点儿，也许就能做到""我不用那么优秀，也可以被人爱"……

　　你看，换了一种思维，是不是就感觉换了一个世界？

　　当你意识到你所了解的自己并不是真实的自己时，你就会有更多的勇气去追逐内心真实的渴望。

　　用承认恐惧的方式，减少自己的恐惧；用追逐的方式，满足自己的渴望——做到这两点，你就能够获得真正的自我认同。而一个获得自我认同的人，必然能做到真正的情绪稳定。

内向的人，如何发挥自已的优势

美国作家苏珊·凯恩在她的《安静：内向性格的竞争力》一书中，记录了一个叫伊桑的男孩的故事。

在父母眼中，伊桑是一个性格"古怪"的孩子。他的"古怪"体现在很多小事上：比如，伊桑已经7岁了，可是经常被3岁的弟弟欺负，而且不懂得还手；父母试图给伊桑灌输"战斗精神"，把他送到运动场上训练，但伊桑只想回家读书；伊桑很聪明，但相比学业，他更愿意把精力花在兴趣爱好上，尤其喜欢制作汽车模型；伊桑有几个不错的朋友，却拒绝参加社交活动；等等。

父母对伊桑的表现感到十分费解，怀疑他得了抑郁症。

他们希望伊桑能够更加善于交际，所以多次带他到不同的地方进行治疗。然而，每次医生都表示伊桑非常健康，他只是性格内向。

可伊桑的父母还是无法放下内心的担忧，执意要为儿子继续治疗……

自从看过这本书后，这个故事便深深地刻在我的脑海中。

我从不怀疑很多父母对孩子的爱。比如伊桑的父母，他们积极地为儿子寻求治疗，在儿子身上下这么大功夫，也是担心儿子将来难以适应社会。

但是，我可以非常肯定地说，想要改变伊桑的性格，简直是一件不可能完成的事情。就像书中所说，父母这样做，反而可能会破坏孩子对自我的认知，最终生生把一个健康的孩子治出病来。

··· 2 ···

我们所处的世界，对内向者而言，似乎总是不太公平。

我的朋友小静，就是一个性格内向的人。她曾经竞聘一家外企的销售管理岗，以非常优秀的成绩通过了笔试，进入面试环节后，却因为面试官一句"性格不合适"被淘汰了。

事实上，像小静这样性格内向的人，即使顺利进入了职场，也常常会因为"不合群"而影响升职加薪。

偏负面的社会评价，是所有内向者要面临的第一重压力。在《安静：内向性格的竞争力》一书中，作者写道，有数据表明人群中大概有三分之一的人是内向的人。换言之，这个世界上的外向者显然是一个体量更加庞大的存在。

当内向者成为"小众"，似乎就不得不接受外界对自身的定义。和外向者比起来，内向者是"不合群的""奇怪的""没朋友的"，甚至"心理似乎不太正常的"，等等。这些负面的标签困扰着内向者，在给他们带来巨大压力的同时，也剥夺了他们很多的发展机会。

伴随着来自社会的负面评价，内向者的自我认同也发生了动摇。

很多时候，他们都觉得自己仿佛真的有问题，认为内向真的是自己的性格缺陷。为此，他们开始羡慕那些外向的人，甚至默认了某些发展机遇不属于自己是正常的，"内向"似乎成了他们的阿喀琉斯之踵，成了他们致命的软肋。

···3···

1975年3月5日，一个冷雨霏霏的晚上，在组织者戈登·弗伦奇位于加州门罗公园的车库内，32位电脑爱好者聚集在一起，他们想要做一件大事——让计算机"飞入寻常百姓家"。这在当时可不是一项小的任务，那时候的计算机还都是不稳定的大型机器，只有大学和企业可以买得起。

这时，惠普公司的一位24岁的计算机设计师走进了聚会场所。他找了把椅子坐下来，静静地听着最新的关于计算机的消息。

这位设计师从3岁起就对电子产品痴迷不已，在11岁的时候，他就梦想自己能够设计出一台小巧方便的计算机，可以供家庭使用。尽管这次聚会他很兴奋，但是他没有和任何人说过一句话，因为他实在太腼腆了。3个月后，他在图纸上画出了自己的设计图；10个月后，他和史蒂夫·乔布斯创立了伟大的苹果公司。他的名字叫斯蒂夫·盖瑞·沃兹尼亚克。

··· 4 ···

加州大学伯克利分校曾经做过一项关于创造力本质的研究，研究人员列出了一个名单，上面都是建筑学家、数学家、工程师、科学家、作家等各领域的精英。

研究人员邀请这些精英来伯克利分校做性格测试，并尝试解答一些问题，又找了一些没有杰出成绩的同行业人员做同样的测试。

测试结果显示，那些创造力更强的人，往往在社交中扮演着内向者的角色，他们具有社交的技能，却没有足够社会化或热衷参与社交的性格。

沃兹尼亚克曾在自己的回忆录中，给那些想要获得伟大创造力的孩子提出建议：保持独立工作，如果你一个人工作，那你最有可能设计、开发出革命性的产品和功能，而不是待在一个委员会里或者一个小组里。

事实上，不仅仅是沃兹尼亚克，脸书创始人扎克伯格、微软创始人比尔·盖茨及投资大师巴菲特，都曾在公开场合承认自己性格内向，他们更喜欢独立思考，更喜欢把时间花在阅读而非社交上。

无论是实验研究，还是现实状况，都表明内向者并非一无是处。相反，只要能够充分发挥自己的性格优势，内向者也许能创造出更加耀眼的成绩。

··· 5 ···

尽管很多信息都在告诉内向者不必焦虑，但在现实生活中，大多数内向者还是要面临来自各方的误解和压力。

那么对于内向者来说，怎样做才能真正发挥自己内向性格的优势，更好地融入环境，同时还不阻碍自己的发展呢?

（1）不要试图去改变自己的性格

美国心理学家卡尔·施瓦茨有一个"性格橡皮筋"的理论：我们就像一根富有弹性的橡皮筋，可以随时拉长，但这种拉伸是有限度的。

施瓦茨通过实验发现，内向者之所以内向，是因为其大脑皮层和杏仁核对外界的信息更加敏感，属于高度应激群体。这也是内向者在人多的时候常常感觉比较累的原因。

尽管一个人的内向性格会受其生理影响，但也不能忽略他的自由意志。

实验表明，出于某些目的或需求，内向者通过学习完全能够掌握外向者的一些技能，从而让自己更好地融入环境。但正如比尔·盖茨无论怎么磨炼自身的社交技能都无法变成比尔·克林顿，而比尔·克林顿无论花多少时间研究计算机也不能成为比尔·盖茨，因此我们无法也无须让自己改变性格。

（2）选择那些更符合自己性格的职业

在和个人性格相匹配的职业、角色和环境中，人们往往更容易获得良好的发展。

《安静：内向性格的竞争力》一书提到，内向性格的人具有更好的创造力，他们更善于独立工作、深度思考、长时记忆；在人际关系方面，他们更乐于进行一对一的交流，而且喜欢更具深度的思想交流。

内向者具有的这些特点，使他们在一些工作中占据着优势，比如需要高度专注的写作、设计、编辑工作，或者需要深度交流的咨询工作，等等。当内向者的优势与相应的工作需求相契合，他们就更容易创造出显著的成绩。

当然，并不是说其他工作就不适合内向者，比如演讲或销售。他们只要懂得发挥自己的优势，用不同的方法去完成工作，同样也会完成得很好，比如演讲前准备更细致的内容，演讲就会更从容；在销售工作中用更坦诚的方式和客户进行沟通，工作也会更顺畅。

（3）发自内心地欣赏自己的性格，肯定自己的价值

一个内向的人，只有发自内心地欣赏自己的性格，肯定自己的价值，才能勇敢地撕掉外界贴在自己身上的那些负面标签，才能停止向别人证明自己，才能理直气壮地表达自己的诉求、追逐自己的利益，也才能真正地绽放自己，活出璀璨的人生。

古今多少内向者，给这个世界留下了无数宝贵的财富：凡·高的画、艾略特的诗、贝多芬的音乐、爱因斯坦的物理理论……你还觉得内向性格不够好吗？

内向者从来都不是不够好，他们只是好得与众不同而已。

2
PART

内在疗愈

　　我们做到情感独立时，便真正拥有了自我。此时，面对原生家庭，我们就拥有了"心理免疫力"。

　　这个时候，我们根本无须"逃离"，就已经摆脱了原生家庭的束缚。

你不是在回避社交，而是在回避真实的自己

小辉自称是"孤独星人"，由于有着严重的社交焦虑，他始终无法和他人建立良好的友情，更没品尝过爱情的滋味。

同事私下的聚会邀请，他通通拒绝；遇见喜欢的女孩，他绕道而行。

他说自己也搞不清楚，为什么每次只要一想到和人面对面待在一起，就会不自觉地紧张起来，严重的时候甚至手心都冒汗。

生活中，有太多的人和小辉一样，长期受到社交焦虑的困扰。

　　他们通常有一些共同的外在表现：和人交流容易害羞，不敢直视别人的眼睛；在和别人近距离的接触中，常常产生紧张不安的情绪；不太善于表达，在人群中习惯保持沉默；遇到人多的场合，总有一种想要逃离的冲动……

···2···

　　一个人社交焦虑的产生，和很多因素有关。

　　有些人的社交焦虑是遗传因素导致的。

　　研究发现，如果在你的家族中，有人患有社交焦虑，那么你患有社交焦虑的概率就会比较高。

　　还有一些人的社交焦虑是由其大脑结构决定的。

　　我们的大脑有一个叫作"杏仁核"的部位，主管我们的焦虑和恐惧。如果杏仁核功能过于活跃，人就会比较敏感，更容易产生社交焦虑。

　　此外，后天的成长环境、成长经历也可能导致一个人产生社交焦虑。

　　那些控制型母亲所培养的孩子，那些习惯了被批评、被否定、被嘲讽的孩子，那些有过被霸凌的经历的孩子，更容易产生社交焦虑。

··· 3 ···

坐在咨询室里的小辉，脸上带着困惑又充满期待的表情，向我询问他的社交焦虑到底是怎么一回事。

我不能说"让我看看你大脑中的杏仁核是不是异于常人"，于是我对他说："先让我了解一下你吧。"

是啊，又要开始谈论童年了。

"心理咨询师除了谈论童年，好像也没有其他什么能耐。"很多人心里可能会有这样的想法。

我想说的是，谈论童年当然不是心理咨询师唯一的技能，但童年确确实实藏着很多我们每个人不曾发觉的故事，正是这些故事为我们曲折的人生埋下了重要的伏笔。

小辉谈到自己的童年经历，说起了一件让他印象特别深刻的事。

那是在小学二三年级的时候，有一次因为贪玩，他没有及时完成作业。母亲发现后，拿起扫帚狠狠地打了他一顿，并且让他赤身裸体地站在门外走廊里，以此惩罚他。

细想起来，母亲惩罚小辉的事情简直太多了，只不过那次罚站事件对他的冲击是最大的。公开罚站，而且是赤身裸体，至今小辉想起来都觉得那就是一场梦魇。

通过这个画面，我想你已经看到了一个非常严厉的母亲的形象。

如果仅仅是严厉的教育手段，并不一定会对孩子的成长造成多么恶劣的影响，问题在于小辉母亲对他的严厉只是表象，在这表象之下，隐藏着严重的人格障碍。

··· 4 ···

小辉的母亲成长于一个糟糕的原生家庭，父母很早就离婚了。作为家里的长女，她从小就被父亲寄养在姑姑家，并且被要求称呼姑姑为母亲，称呼亲生父亲为伯父。

被寄养的孩子，心里早早埋下了很深的创伤，造成了对自我认同的重大障碍。更加糟糕的是，小辉的母亲还时常遭到她父亲的嫌弃，被父亲嘲笑读书不好，是个"没用的家伙"。所有这些不幸的经历，最终导致小辉的母亲在内心深处对自己产生了强烈的厌恶。

一个对自己充满厌恶的人，会不自觉地把这种厌恶外化，从而表现为对自己孩子的厌恶。这种厌恶会被孩子的潜意识感知到。

当小辉感知到母亲对他的厌恶时，他的自我评价也就在这个过程中形成了：我是一个特别让人讨厌的人。

只是童年时期的小辉并不知道他对自己给出了一个什么样的自我评价，只是记住了那次在走廊罚站时的羞愧，还有那个渐渐变得内向、不爱表达、也不爱找同学玩儿的自己。

每一个社交焦虑的人，内心都藏着一个不太让自己满意的小孩。也许就是在遥远的童年岁月中，有一个你生命中至关重要的人，亲手在你心里写下了"嫌弃"的一笔。

当然，我相信小辉的母亲在主观意愿上并不想伤害自己的孩子，或许她都不曾意识到自己伤害了孩子，因为她就是带着父亲的嫌弃一路成长起来的。

她有着自己对"爱"的理解：爱是什么？爱不就是严苛的挑剔吗？

我们不能指责小辉的母亲，只是感到很遗憾，她没能从自己的人生剧本里醒过来，从而避免悲剧的延续。

··· 5 ···

每个人对自己都有美好的期待，不管自身遭遇过多么恶劣的成长环境，这种期待都不会在内心消失。

小辉虽然在潜意识里厌恶自己，但同时他内心也存在着另一个理想化的自己：一个开朗的、外向的、足够优秀的、值得骄傲的自我形象。

对自我的理想化，也是一种防御方式。当一个人在生活中习惯了自我厌恶，导致自己受困于各种现实中的社交时，他便会试着向内寻求一些支持性的能量，以帮助自己度过困境。

对于小辉而言，他没有朋友，也没有能够倾诉的亲人，因此只能从自身找寻力量，他的内心便出现了那个理想化的自我。他觉得他完全可以变成那理想化的自己，至于为什么不去做，不是因为做不到，只是因为自己不想做而已。

这种带有麻痹性质的对自我的理想化，短暂地平衡了小辉潜意识里由于自我厌恶所带来的挫败感。

但理想终究敌不过现实，一旦进入真实的社交场合，小辉在心里构建出来的那个理想化的自己，很快就破碎了。

终于，为了"自救"，他的潜意识告诉他：我还是适合一个人待着。

可结果呢？他越是选择回避，内心就会越焦虑。

··· 6 ···

像小辉这样的人，要想真正摆脱社交焦虑的困扰，首先需要做的便是接纳自己。

那些自己给自己下过的定义，自己给自己贴过的标签——怯懦的、不受欢迎的、不值得被爱的……所有这些描述，照单全收。

你必须承认和接纳当下的自己，才能有勇气做出改变。

你要相信，真实的自己并非一成不变，而是不断变化的。当下的你，只需要每天付出微小的努力，比如试着去赞美一个人，试着去找一个人倾诉心里话，试着去主动组织一场聚会活动，等等。

在持续的尝试中，你可以一步步靠近并最终成为自己理想中的模样。

作为一名心理咨询师，我始终相信，人是拥有自我改变的力量的。你只要发自内心地渴望改变，就一定能够打破原生家庭的魔咒，与理想中的自己干杯庆贺。

有一种人际障碍，源自被藏起来的骄傲

生活中有这样一种人，他们看上去安静、谦卑、"人畜无害"，却总让你感觉难以接近。你若和他们相处，总有一层说不清楚的东西隔在你们之间。

徐小雅就是这样的人，用她自己的话说："为什么我总是感觉自己与他人格格不入呢？"

在提出这个问题后，徐小雅紧接着做了一番自我分析。

她自认为善良、谦卑、包容，甚至像上帝一样心怀慈悲，从无害人之心。可就是如此"美好"的自己，为什么在生活中总是感觉自己与他人格格不入呢？

就拿这些年的职场经历来说，在徐小雅看来，每次辞职都是因为自己很难融入职场环境，为此她已经连续换了六份工作了。回头看，她觉得每份工作无一例外都令自己走到与之"格格不入"的境地，那一定是自己的问题。

可是，自己究竟有什么问题呢？

自认为善良、谦卑、包容的人，却无法展开正常的人际交往，这听上去似乎有些矛盾，却也是事实。

实际上，这种矛盾的根源就在于：这类人的善良、谦卑和包容，只是他们的外在表象，背后隐藏着的是他们的骄傲和自恋。内心高度自恋的人，在融入周围环境的过程中自然会形成很大的障碍。

···2···

自恋的人有哪些特征？

很多人认为，自恋不就是自信满满、自吹自擂，甚至完全不把别人看在眼里吗？确实，提起自恋，我们习惯下意识地"脑补"出这样一种极端的、狂热的形象。

但是自恋型人格也存在一个亚型，叫作隐性自恋，也叫

"羞愧自恋"或"脆弱自恋"。前文提到的徐小雅，就是一名隐性自恋者。

一句话形容隐性自恋者——表面温和、谦卑、内向，但你在比较深入地接触他们时，才发现他们是如此的自我中心主义。

从他们自己的角度看，一方面觉得自己厉害得不得了，另一方面又敏感自卑得不得了。他们就是这样一种矛盾体。

隐性自恋者通常有以下几个明显的特点：

（1）害怕公开的赞扬

和显性自恋者比起来，隐性自恋者害怕自己成为焦点和中心，他们不爱出风头，更不会主动寻求别人的赞美。

他们担心的是，别人和自己近距离接触后，发现自己其实"不够优秀"，从而远离自己。

（2）拥有强烈的控制欲

隐性自恋者特别喜欢用操控的方式，来满足自己内心对于特权感的需求。

他们习惯以自己喜欢的方式和人相处，在关系互动中持有主动权，以便于操控和利用他人。

（3）对于他人的评价特别敏感

隐性自恋者属于高敏感人群。

在人际交往中，他们特别在意别人对自己的评价，常常会过度理解别人的一些言语，将别人客观的、不带情绪的表达理解为对自己的批评和否定，甚至理解为对自己的攻击。

（4）常常觉得自己与众不同

隐性自恋者对自己存在一种幻想，他们觉得自己和别人不一样，是一种特别的存在。

对于这种"自己与众不同"的感觉，隐性自恋者不会轻易地表达出来，而是在内心默默地审视自我。

他们内心有这样一种声音：你们都不配和我一起玩。

（5）擅长使用被动攻击

在生活中遇到冲突时，隐性自恋者一般不太会选择"正面去刚"。他们更善于使用被动攻击，比如工作有意拖延，上班习惯性迟到，忽视或遗忘你说过的话，不回复微信消息，等等。

（6）缺少同理心，沉浸在自我的世界里

和显性自恋者类似，隐性自恋者也缺少同理心。

他们在生活中并非慷慨的给予者。他们的付出不是出于情感上的关心他人，而是为了营造自己的人设，或者满足自己的利益。他们沉浸在自我的世界里，对于和自己无关的事情，他们从不浪费时间。

···3···

徐小雅从来没把自己和"自恋"这个词联系起来过，在她看来，她始终努力保持着自己的谦卑。只是与此同时，她也无法否认，她内心确实常常存在一种自我优越感。

这种矛盾的感觉，到底来自何处呢？

隐性自恋的形成，与原生家庭的抚养方式有着很大关系。

在徐小雅的记忆里，父母对她的学习成绩特别看重，而她自己也一直很争气，常常考班级第一名。她每次考试得了第一名，父母都会很开心，带着她下馆子，逢人就夸自己的女儿多厉害。

当然，在这风光的历程中，也夹杂有一些灰暗的时刻。

有一次考试，徐小雅考了班级第四名，按理说成绩也算不错。可当她把成绩单交给父母的时候，母亲的反应是默不作声，父亲虽然点头表示还可以，但脸上还是难掩失落。那一次，父母没有带她去餐厅庆祝，原本计划好的外出旅行也取消了。

从那天起，徐小雅的内心暗暗生出了一个想法：我必须考第一，我只能考第一。

遗憾的是，徐小雅并不是一个考试机器，她无法保证自己每次都考第一名。随着成绩排名的高低起落，父母对她的态度时好时坏。

··· 4 ···

心理学上有一个概念，叫作"客体恒常性"。它指的是我们在成长过程中，能够与客体（父母或其他主要养育者）形成恒定的、常态的关系。

在这种关系中，我们能够培养出稳定的自我认知、稳定的情绪感受，并对他人以及这个世界建立基本的信任。

显然，徐小雅的父母并没有给她提供一个恒定的、常态的环境。相反，他们为她制造了一个两极的环境：要么特别好，要么特别糟糕。

成长于这样的环境中，徐小雅就会有过山车似的情绪体验，久而久之，她对自我的认知也变得模糊起来：我到底是好的，还是坏的？父母是爱我的，还是不爱我的？

而这些不稳定的情绪感受和自我认知，给她带来了深深的不安全感，从而使她失去了对这个世界的基本信任。

···5···

渴望被父母爱，是我们每个人的本能。

因为在无法独立生存的幼年时代，对我们而言，父母的爱意味着最基本的生存安全。在成长的过程中，来自父母的爱也会帮助我们建立稳定而良好的自我认同。

对于徐小雅来说，她内心深处渴望得到父母的爱和认同，但是她也知道，这份爱和认同是有条件的，那就是她必须考第一名，她必须做到完美。

可这个世界的真相是：没有人是完美的。

当"完美"成为换取父母的爱的筹码时，徐小雅只能通过自己的想象完成"自己是完美的"诉求。她认为，只有"自己是完美的"，只有确定自己的优越感，自己才有被爱的资格，以及被认同的权利。

用"自己是完美的"这样的幻想，来满足父母对"完美的自己"的期待；与此同时，面对父母失望的神情，内心激发出羞耻、自卑等真实的情绪感受。这便是徐小雅成为隐性自恋者的原因。

像徐小雅一样，几乎所有的隐性自恋者都遭遇了同样的困境：父母对他们"完美"的期许，让他们产生了"高人一等"的幻觉；而父母的失望和冷眼，也给他们带来了羞耻、自卑的低自尊心理。

··· 6 ···

作为一名隐性自恋者，徐小雅在工作中把自己"隐性自恋"的特质展现得淋漓尽致。比如，常常觉得上司不如自己，认为上司做的很多决策都有问题；几乎看不上所有的同事，觉得他们都平庸至极；没有任何与同事交流的意愿，觉得他们的话题都无聊透顶；觉得自己完全可以配得上更高的职位，只怪领导不能慧眼识人而耽误了自己……总之，徐小雅在心里将自己放在了一个很高的层次。

这样的人又怎么能够接地气，怎么能够融入周围的环境呢？

故而她常常感觉自己与周围的环境格格不入，只好频繁地换工作，借此摆脱自己糟糕的感受。然而逃避无法真正解决问题，徐小雅还是一次次地陷入同样的人际障碍。

就像徐小雅总被要求考第一名一样，隐性自恋者在其成长过程中，总被要求做到完美，他们的缺点未曾被包容，也未曾被真正看见，这就导致他们常常如临大敌，对自己的缺点格外敏感。因此，他们也就没有能力同别人产生共情了。

而共情能力的匮乏，直接导致他们很难融入集体，与他人融洽相处。

··· 7 ···

一个人要想摆脱隐性自恋，很好地融入集体，必须先把自己从"云端"拉下来。

要知道，那种"高人一等"的感觉并不是事实，而是自己为了避免让父母失望所发展出来的一种心理防御，那完全是自己的一种幻想。

我们现在要做的，就是亲手击碎这虚妄的幻想。

隐形自恋者只有先学会放下自己，再试着通过刻意练习的方法，比如把自己喜欢的东西主动同别人分享，在日常沟通中多多确认对方的感受，主动为他人提供力所能及的帮助，等等，以此培养自己的共情能力，这样才能真正地融入集体，与他人融洽相处。

然而，要彻底走出隐性自恋的困局，最重要的事情是先完成与自我的和解。不强求自己成为一个完美的人，也不期待别人对自己的认同，在平常又独特的每一天里，去看一朵小花，听一段音乐，读几页书，感受生活的平凡，感受平凡中孕育的美好。

有一天，当我们能够承认自己就是个普通人的时候，隐性自恋的困局就会自动消除。

"求助"这件事，到底难在哪儿

···1···

求别人帮个忙，只是生活中的一件小事。但对于有些人来说，求人难，难于上青天！他们看着别人心安理得地说"帮我一下可以吗"，只能流露出望洋兴叹的神情，然后默默地一个人扛下所有。

"求助"这件事，为什么会成为一个难题？

···2···

在文馨的记忆里，她从来没有开口向妈妈要过什么。

确实，妈妈和外人提起小时候的文馨，也常常说："文馨小时候可乖了，别的小朋友上街什么都要买，她从来不和我要东西。"

一个小姑娘，看着周围的小伙伴都穿着漂亮的花裙子，吃着奶油雪糕，玩着各种有趣的玩具，她怎么会不想要呢？

她想要，但是她不能要。

文馨成长于一个"硝烟弥漫"的家庭，争吵、打架是父母的家常便饭。摔碗，摔衣服，摔电器……能摔的、不能摔的，都摔！文馨早已见怪不怪。作为家里唯一的孩子，她不但频频目睹父母的争吵，时不时还会被家庭战争的余波伤到，捎带挨一顿父母的打骂。

对于其他小朋友来说，童年是彩色的，但文馨的童年是灰色的。她不想总看到父母吵架，想逃离，又无处可去。

为此她常常想：

"也许我的出生就是一个错误吧！"

"也许没有我的存在，爸妈就不会吵架了！"

··· 3 ···

充满争吵的家庭环境催生了文馨关于自我的消极认知。那种全身心孤独清冷的感受，让她沉溺于自我否定。她越来越觉得"我就是个错误"。

当她把"我"和"错误"画上等号的时候，在她看来，也就意味着她的一切需求、期待都是不合理的，甚至连她自己的存在也是不合理的。

父母没能把注意力和关爱投注在孩子身上，这样的事实是一个孩子无法承受的。

为了应对这种事实，文馨就给自己创造了一个合理化的解释：我不该出生，我的出生是个错误。因为她只有这样想，才能让父母的所作所为变得"合理"。

哪有孩子不渴望父母爱自己的？

和其他的孩子一样，文馨也渴望父母用关爱的眼神望向自己，渴望自己可以像其他小朋友那样向父母索要礼物，渴望父母能够少吵架，多陪陪自己……可是，那个"我就是个错误"的信念，无情地阻隔了文馨内心深处的渴望。

就像文馨一样，那些从小没有得到过父母爱的滋润的孩子，他们认为这个世界上所有的事情必须依靠自己，也只能依靠自己。当自己成为唯一可以依赖的人，慢慢地，他们也就丧失了求助的能力。

···· 4 ····

每个人都有一种天然的愿望，那就是无论自己做什么，无论自己表现如何，别人都能够始终爱我们。这在心理学上被称为"婴儿般的自恋幻想"，听起来不现实，但对于我们人格的形成和发展至关重要。

如果我们这个天然的原始愿望在早年得到了满足，我们就会快乐自由地成长；如果没有被满足，我们便会体验到生存危机，并对自己提出很多要求，比如要求自己"乖一点""要听父母的话""不可以对父母提要求"，等等。因为只有做到这些要求，我们似乎才能感受到"父母有可能爱我们"，我们的生存危机才能够解除。

在解除生存危机的同时，我们内在的人格会发展出一种对立的状态：既渴望得到无条件的爱，又认为自己必须满足各种要求才能得到爱，双方持续对抗，就会引发严重的内耗。

很多像文馨一样的人，小时候没有被父母无条件地爱过，一直以来需要自己照顾自己，甚至很多时候，他们还需要照顾父母的情绪。因此，坚强、独立就成了他们所习惯的生存模式。

他们不允许自己脆弱，不允许自己依赖任何人，因为这些事情一旦发生，就会唤起他们小时候因为缺爱而引发的生存焦虑。

而"求助"，恰恰是把自己放在"弱者"的位置上。它会让人看见自己的脆弱，看见自己的不完美，看见自己对别人有所期待……

··· 5 ···

事实上，这种"不懂得依赖，只懂得硬来"的独立，只是一种假性独立。

那些幻想只靠自己就能搞定所有事的人，最终的结果就是把自己累垮。这种累，不仅指身体上的劳累，还包括精神上的绝望。

在成长的过程中，我们慢慢地学会了接受有条件的爱。但我们内心深处那个"婴儿般的自恋幻想"，即"渴望有人无条件地爱自己"的意识一直存在。你越压抑它，它就越突出。

假性独立者不明白的是，一个人只要渴望被爱，就得学会把自己放在"弱者"的位置上。把自己放在"弱者"的位置上，并不代表你就是弱者，而只代表此刻的你属于被爱的一方。

我们不要把"求助"和"弱者"画等号，再强大的人也有脆弱的时候，只有敢于袒露自己的脆弱，才能心安理得地向人求助，才能更好地接受别人的善意和爱。

即便在求助的过程中，你遭到了别人的拒绝，就像父母曾经拒绝关爱你一样，也只能说明，那个拒绝你的人没有能力满足你。你无须自我怀疑，继续找人求助，直到找到那个有能力帮助你的人。

当你告别假性独立，能够展示自己的脆弱时，你会发现源源不断的善意和爱正在向你涌来。

是真的不想要，还是因为不敢要

··· 1 ···

我的来访者徐丽云是一位年逾40的女性。有一次和她聊天，她提到了关于装修房子的困惑。

她见一位朋友从国外买回来的家具很漂亮，她很喜欢，想着自己正在装修的房子是不是也可以用漂亮的进口家具。可是她又觉得进口家具太贵，同时她还看上了另外一套性价比很高的国产家具，为此纠结不已，不知道如何选择。

对于徐丽云而言，购置国外进口的高档家具并不存在经济上的困难。她自己经营着一家公司，这些年发展得很好，一句话：不差钱。

她认为自己只是过不了心理上的这一关。一直以来，她的消费理念就是追求性价比，这甚至已成为她的生活信条。

她问我："你说我是不是配得感太低了呀？"

我没有直接回答她的问题，而是反问道："那套进口家具，真的是你特别想要的吗？假设想要的程度满分是10分，你打多少分？同样，那套所谓性价比很高的国产家具，你又打多少分？"

她沉思了一会儿，对我说："这两套家具，好像都不是那种我特别想要的，换成其他的家具似乎也没什么大问题。"

我说："那你从小到大有没有遇到过那种自己特别想得到的东西，得不到就不罢休的那种？"

她又沉思了一会儿，说道："从来没有人问过我这样的问题，你这么一问，我发现自己好像还真没有遇到过非常想要的东西。"

··· 2 ···

生活中确实有很多类似徐丽云这样的人，他们温和低调，和朋友在一起时，当别人谈起最近买了什么称心的东西时，他们常常由衷地表示"我也想要"。可是真要追踪下去，你会发现他们那句"我也想要"只是随便说说，并不会付诸行动。

他们给人的感觉总是一副"岁月静好"的模样，不疾不徐，不争不抢，仿佛无欲无求的世外高人。他们如果真的活得超然，倒也能够拥有神仙般的快乐。

可是如果你真正地走近他们，就会发现他们其实活得一点儿都不快乐。而且，他们的不快乐似乎总是找不到源头，即便家庭美满、事业有成，他们依然活得不快乐。

一个失去了快乐能力的人，内心一定潜藏着未被察觉的伤口。事实上，在咨询工作中，我常常会遇见不同来访者咨询一个类似的问题，即"自己不知道该怎么选择"。

从表面上看，这是一个关于选择的问题，但深入了解后，你会发现这是一个关于需求的问题。

"自己不知道该怎么选择"的背后，隐藏的真正问题是："我真的敢要吗？"

··· 3 ···

徐丽云出生在一个高知家庭，父母都是大学教授。

按理说，父母一辈子都在从事教书育人的工作，在养育子女方面应该比普通人做得更好。事实却非如此，徐丽云从小到大并没有从父母那里得到足够多的关爱。

在她的记忆中，母亲性子比较急，常常显得很焦虑；父亲则忙于工作和搞学术研究，总是沉默寡言。父母整日忙得焦头烂额，疏于照顾她。

一位焦虑的母亲，是没有足够的精力和注意力满足孩子的需求的。不仅如此，孩子因为感受到了母亲的焦虑，反而还要时常安慰母亲。

因此，童年时期的徐丽云是一个没办法提出自我需求的小孩。她不能像其他孩子那样自由地表达"我想要"，因为她的需求从来没有得到过父母的满足。

当孩子在潜意识里形成"我的需求不会被满足"的印记时，需求就成了一个不合理的期待，同时，表达需求则成了一件"不被允许的事情"。渐渐地，孩子内心的"不能要"就变成了"不敢要"。

当徐丽云表示"不知道自己该怎么选择"的时候，潜台词其实是"我很害怕当我说出要什么的时候，会有麻烦出现"。

··· 4 ···

每个人的行为背后都隐藏着动机。

通常，我们的需求就是行为最大的动机。比如，你为了能考上好大学，于是选择好好学习，那么"考上好大学"就是需求，也是动机；你希望年终获评优秀员工，于是选择努力工作，积极表现，那么你的需求和动机就是"年终获评优秀员工"。

当一个人的需求被剥夺了的时候，他会表现出什么样的行为呢？他将不会再理直气壮地追逐真实的自我需求，而只敢去追逐那些在别人看来"正确的""合理的"需求。

徐丽云后来考上了一所不错的大学，如今经营着一家不错的公司，可是她很难从中获得快乐，因为"不错的大学""不错的公司"都不是她内心真正的需求。考大学也好，开公司也罢，都不过是她用来证明自己很优秀的方式。

··· 5 ···

生活中有太多这样的人。他们拥有体面的工作，拥有成功的事业，可他们真实的自我需求被压抑、被剥夺了，所以很难拥有快乐。

他们失去了快乐的能力，意味着也将失去追求创造的动力。尽管他们看上去一直在努力拼搏，但那不过是出于生存的本能，与他们自身真正的价值实现相差十万八千里。

他们找不到奋斗的目标，更无法理解活着的意义。

与此同时，他们内心被压抑的真实需求一直在蠢蠢欲动，渴望被人看见、被人认可。

一个自我需求从未得到认同和满足的人，是无法体会自己作为一个人的独特价值的，他所有的价值感都源于对他人的满足。然而，一个人对他人的满足越多，自我需求就被掩藏得越深。

他们真正渴望的是剥掉心灵所有的附加物，让真实的自己被人看见，让真实的自我需求得到尽情表达并且被人满足。

··· 6 ···

糟糕的原生家庭剥夺了一个人的自我需求，是不是就意味着这个人一辈子注定不会得到快乐呢？

当然不是。我们成年后的经历和经验都会参与自我的塑造。

换言之，虽然小时候你的需求可能是不被人理会的，但这并不意味着现在依然如此。当你开始意识到你在忽略自己的真实需求的时候，不妨果敢地做出改变，去面对和坚持自己的需求。

这样的改变很简单，从坚定地满足自己的一些小愿望开始，慢慢地，你就能够坦然面对自己真实的大愿望，最终活成一个能自我满足的、快乐的人。

我记得当年读《史蒂夫·乔布斯传》的时候，对乔布斯在人生中的很多选择钦佩不已。

比如他明明可以读更好的大学，却选择了一所他认为非常符合自己理念的文理学院；在文理学院上了6个月的学，他发现自己实在不想学一些无聊的必修课，又坚持要退学；他热衷禅修，去了印度一趟后，开始吃素食，觉得素食可以净化自己的身体……

这些看似疯狂的决定，无不体现了乔布斯对自我的坚持。而正如大家所了解到的，乔布斯也并非出生在一个幸福的原生家庭——他曾被亲生父母抛弃。

借助乔布斯的事例，我想告诉所有被原生家庭剥夺了自我需求的人，只要你勇敢地做出改变，最终一定能够成为一个敢于坚定地说"我要"的人。

所有负面情绪，都是求救信号

我们先来看三个场景：

场景一：小陈是一个马上就要读研究生一年级的学生，在硕士导师的暑期实验室里，他认识了一群师兄师姐。和大家在一起的时候，他多数时间都很腼腆，不怎么说话，不过他打心眼里认同这个和谐友爱的小集体。

小陈一直认为自己性格内向，长久以来，也在努力修炼自己的社交本领。他本以为考上研究生，到了新环境后，自己会变得开朗一些。可是有一天，当实验室里只剩下他和另一位师兄的时候，以往人际中那种焦虑、紧张的感觉再次出现，他恨不得立即从实验室逃离。

　　场景二：丽丽是一位企业白领，深受同事们喜爱。她是那种热心、体贴、善解人意的大好人，总是主动帮助大家做很多事情，比如帮忙订外卖、补录打卡、寄快递等。起初，丽丽非常享受大家对自己的这种喜爱，可时间久了，她突然发现自己好像开始讨厌同事们，甚至讨厌去上班。

　　为了调整状态，丽丽只好请了一个长长的假——她抑郁了。

　　场景三：小张最近遇见了一个让自己心动的女孩，对方貌似对他也有好感。小张本来已经有了对方的联系方式，可以试着同对方进一步发展一下，可这却成了他面前巨大的困难。他不知道自己该怎么联系对方，一想到万一表白被拒，内心就充满了羞耻和恐慌。

　　于是，他把一条短信编辑修改了无数次，始终没敢发送出去。

···　2　···

　　在以上三个场景里，我们看见了正在受不同负面情绪困扰的三个人物形象。也许，在"他人"这面镜子中，有的人还看见了自己，因为他们也有类似的经历。

每当陷入各种各样的负面情绪中的时候，很多人的第一反应就是逃避。

比如，小陈可能会用打游戏的方式逃避自己的社交焦虑，丽丽可能会用自我封闭的方式排遣自己的抑郁，小张则选择以拒绝联系对方的方式让自己避免体验"可能被拒绝"带来的羞耻和恐慌。

你选择了逃避，就万事大吉了吗？

不。事实恰恰相反，你越是逃避，负面情绪越是如洪水猛兽，一次次席卷而来。

很多人总是在经历了一次又一次的逃离失败之后，才终于领悟：面对负面情绪，逃避根本不是解决问题的办法。

每当负面情绪向你发起攻势时，你那么急着想逃，却从来没看清楚过负面情绪的本质，你又怎么可能解决问题呢？

··· 3 ···

负面情绪的本质到底是什么呢？

我用一位来访者的故事，给这个问题找一个答案。

小杜和其他大多数来访者一样，有一个非常糟糕的原生家庭。她的父母性格都很暴躁，习惯用暴力解决家庭问题。

童年时期的小杜，接受过太多来自父母的否定和批评。小杜有一个哥哥，比起小杜，哥哥的经历更是可以用"惨不忍睹"来形容，从小到大，他不知遭受过多少次父母的打骂。在小杜的记忆中，哥哥有段时间常常被打得连家都不敢回。总之，兄妹俩在父母的管教下，在家里每天活得小心翼翼、沉默寡言。

在咨询室里，小杜除了聊起自己原生家庭的不幸，还着重分享了一些令自己如今回想起来都感到不适甚至恐怖的经历。

在家中习惯了自我压抑的小杜，在学校里却经常欺负女同学。不仅如此，她还迷恋上了虐杀各种昆虫和小动物。

"每天放学回家，总会经过几处农田，我只要看见蛤蟆或者毛毛虫之类的小动物，就一定要想方设法把它们抓住，并且用非常残忍的方式把它们弄死。现在回想起来，我真的不敢相信，曾经的我做出过这样的事情。"

个体的防御机制多种多样，也有积极和消极之分。

有一种消极的防御机制，在心理学上叫作"置换"，指的是把对某人或某物的感情、欲望或态度，转投到其他人或事物身上。

比如，你在公司挨了上司一顿批评，回到家里憋了一肚子气，看到孩子不好好写作业，只顾玩手机，你便冲着孩子发起了火；孩子被你训了一顿后，心里十分难受，于是一脚踢在了身边的猫身上……这种迁怒于其他人或事物的行为，背后就是"置换"的防御机制在起作用。

对于童年的小杜而言，每天生活在一个充满暴力的家庭环境中，她的内心充满了恐惧、愤怒和委屈，但是她无法向父母直接表达这些情绪，因为"具有危险性"，也不为自我意识所允许。因此小杜只能选择压抑这些负面情绪，只有找到一个对自己来说较为安全的对象，她才会将这些情绪表达出来。在对各种小动物的残害过程中，小杜内心被压抑的情绪通过"置换"的方式得到了表达和释放。

那么，负面情绪的本质到底是什么呢？它是一种自我保护。

每一种负面情绪的出现，都是求救信号，它在用独特的方式呼喊着：救救我吧。

··· 4 ···

回到文章开头的那三个场景，无论是小陈的焦虑、紧张，还是丽丽的抑郁，抑或小张的羞耻和恐慌，这些负面情绪对于他们来说，都是内心亮起的危险信号灯，提醒他们要做好自我保护。

然而，当负面情绪出现时，如果你一味地逃避，只会加剧创伤体验。因为你逃避得越多，你的情绪感受就越单薄，应对技能就越弱。从短期看，逃避能让你获得好处，但从长远看，只会给你带来更加持久的痛苦。

面对负面情绪，你需要做的，是看见它的存在，并临危不乱地和它做朋友。你不必急着赶它走，而是要明白，它的出现是在提醒自己：危险来了。

接下来，你要允许它和自己一起待一会儿，体验一下那些危险是否真实存在。

每个人的潜意识往往以非常零散的图片形式储存在自己的记忆里，当负面情绪提醒你危险来到的时候，请你问问自己："我看见了什么？"

你看见的可能只是早年的不幸经历——那些过往的心理

创伤，让你一直以来执着于对"危险"的想象。实际上，过去已成虚幻，唯有当下，才是真实。

这不是对现实的妥协，而是对感受和真相进行分离。如此，你才能成为自己情绪的主人。

如何摆脱原生家庭的影响

为了挣脱原生家庭的束缚，你做过哪些事？

在从事心理咨询工作的这些年里，我接待过无数原生家庭的受害者。为了挣脱原生家庭的束缚，他们有的在高考结束选择大学的时候，刻意挑选了距离家很远的城市；有的为了早日逃离父母的掌控，仓促结婚组建了自己的家庭；还有的年少出走漂泊在外，再也没有回过家。

他们都信誓旦旦地表示，要活出和父母不一样的人生。

他们付出了巨大的努力，以为"背叛"原生家庭就可以找到自己的幸福。

遗憾的是，大多数"背叛"就是在表达"忠诚"。他们用尽一生，也难以摆脱原生家庭给自己写下的咒语。

这就是原生家庭的代际传递：不只是活成父母的模样才叫代际传递，你拼命"背叛"的样子，也是一种代际传递。

代际传递是指上一代人的心理特征、行为方式传递给下一代人的现象，比如人际关系模式、亲密关系模式，以及教育方式等方面的传递。这种传递不仅包含父母和子女之间的传递，也包含了家族之中无意识的传递。

··· 2 ···

有些人声称："我不要活成父母的样子。"

乍一听，你会以为他们正在挣脱原生家庭的束缚，但如果仔细品味，你就能发现另外一层意思：他们是在用"背叛"的方式，表达自己和原生家庭深刻的情感链接。

每个人最初都是通过别人来认识自己的。小时候，我们对世界的理解几乎是空白的，都是从自己亲近的人——父母那里，去了解"我是谁""这个世界是怎么回事"。

父母就像我们的一面镜子，我们在他们的反馈中获取了相关问题的答案，建立起初步的自我认同。

随着年龄的增长，我们开始感觉到了自己的力量，也开始通过其他方式慢慢认识这个世界。这时候的"我"，开始呈现出不再依赖父母的评价而存在的独立状态。

于是，"我"开始了和父母完成分离的过程，这在心理学上被称作"自我分化"。当自我分化完成后，我们在情感上和人格上便都独立于父母而存在，我们对自己、对世界也有了自己独立的观点和认识。

···3···

当一个人不断地强调"我不要活成父母的样子"时，意味着他还没有完成自我分化，看似是他对原生家庭的"背叛"，但这种"背叛"并不是出于自由意志所做的选择，而是一种基于心理创伤的对抗。

当然，对抗并不是一件坏事。

我们从原生家庭分离的第一步就是对抗，懂得对抗恰恰证明我们拥有了明确的自我意愿。只不过这种对抗应当基于自己的真实需求，以求完成自我实现，而非聚焦在自己的童年阴影中，被心理创伤、负面情绪绑架。

如果一个人对抗原生家庭的目的仅仅是"我不要活成父母的样子"，就意味着他只是想通过对抗的方式逃离童年痛苦的感受，而不是真正地建立自我。

因此，这样的"逃离"注定是徒劳的。

··· 4 ···

美国精神分析治疗师、系统家庭理论奠基人莫瑞·鲍恩指出：一个人成熟的标志，是在情感上真正地独立。

一个人想摆脱原生家庭的影响，情感独立才是关键。

情感独立，意味着自我分化接近完善，能够灵活地面对自己的情感需求。

那么如何才能做到情感独立呢？

（1）看清父母的局限

被原生家庭伤害过的人，有一种比较普遍的情绪，就是对父母充满了怨恨。

事实上，怨恨背后藏着的是没被解决的问题。它可能是一种渴望、一种遗憾，比如渴望得到父母的爱，遗憾不被父母认同，等等。

我们可以不认同父母、不接纳父母，但应该试着去理解他们，看到他们所处的时代背景，看到他们各自的原生家庭环境，懂得理解他们的局限性，然后慢慢放下内心的怨恨。

我们若能放下怨恨，也就不再期待得到父母的满足，这是情感独立的开始。

（2）重塑自我信念

糟糕的原生家庭，容易让人不自觉地接受一些负面的自我认知，并进行自我否定、自我攻击。此时，个人的力量是被削弱的，需要不断通过外界来获取。

因此，情感独立的第二步，就是学会重塑关于自我的积极信念。

我们可以找一件有意义的小事，坚持做下去，比如跑步、写作，等等。在坚持的过程中不断获得自信，久而久之，我们就不会那么依赖向外界寻求自我证明。

（3）创造新情境、寻找新体验

在我们的成长过程中，父母对待我们的方式、父母彼此间回应的方式等，很大程度上塑造了我们的情感模式。

在走向情感独立的路上，我们可以尝试在现实生活中多交一些不同个性的朋友，了解他们对待事物不同的态度，以及应对事物不同的处理方式；或者有意去参加一些心理学的团队活动，在活动中感受全新的人际互动；等等。

总之，我们需要给自己创造一些新的情境，去获取一些新的情感体验。如此，我们才能最终斩断"原生情结"，在情感上做到真正的独立。

我们做到情感独立时，便真正拥有了自我。此时，面对原生家庭，我们就拥有了"心理免疫力"。

这个时候，我们根本无须"逃离"，就已经摆脱了原生家庭的束缚。

如何提高人格灵活性

温宁觉得自己太内向了，内向到已经严重影响了自己的日常生活，比如一到社交场合就容易紧张。看着别人如鱼得水地谈天说地，温宁很羡慕。有时候她也会主动参与到大家的聊天中，可是无论如何努力，她内心那股紧张感也挥之不去，甚至连言谈举止都开始变得别扭、僵硬起来。

关于自己社交紧张的原因，温宁简单归结为：自己性格太内向了。

事实上，生活中随处可见像温宁这样的人，他们为了让自己表现得合群一些，不惜违背内心的意愿，小心翼翼地迎合他人。

　　于是，他们一边羡慕别人在社交场合里自如地发挥，一边在刻意融入环境的过程中陷入身心俱疲的境地。

　　如果你恰巧也是这样的人，请先不要急着给自己下结论，认为一切问题都是由自己内向造成的。仔细想想，也许在另外一些场合里，或者和另外一些人在一起的时候，你同样可以表现出很健谈、很开朗的一面。

　　有的人只能在特定的环境里展现出自己社交的自如性，而在其他环境中则仿佛换了一个人，变得极度焦虑和紧张。这就不是"内向"的问题，而是"人格灵活性"的问题。

··· 2 ···

　　什么是人格灵活性？

　　简单理解，就是指我们在面对外界刺激时保持自我意识，以及自我整合的能力。

　　那些人格灵活性高的人，具有较强的处理负面情绪的能力，也更能以开放的态度面对生活，从容地应对各个场景，适应不同角色，从而获得良好的人际关系。

那些缺乏人格灵活性的人，则容易让自己的生活秩序变得僵化、脆弱。具体来说，他们在生活中常常会有如下一些表现：

（1）缺少换位思考的能力，常常选择以"非黑即白"的、自我的方式来处理很多事情，看不到事情的多面性。

（2）对于不符合自己意愿和期待的事情，常常产生逃避心理，会认为"我就是这样的""我无须改变什么"。

（3）适应能力不足，难以融入新环境、新场合，面对生活中突如其来的变化，毫无招架之力。

（4）情绪调节能力差，在困难和压力面前，容易被持续的负面情绪、强烈的情绪波动裹挟。

··· 3 ···

当我们在婴儿时期还不懂得使用语言与人交流时，父母通过我们的哭闹声来理解我们的需求。在他们摇晃的臂弯中，我们感受到被安抚；在他们递来奶瓶的时候，我们感受到被满足。父母通过共情的方式为幼小的我们创建了一个安全的环境。

随着慢慢长大，我们开始对周围的一切充满好奇，于是尝试去探索这个世界。在探索的过程中，我们可能会受伤，但同时对周围的环境有了初步的认识和理解，并且发展出相应的应变能力。

在安全的环境里，我们可以自由地去探索，慢慢地，我们的自我就会逐步得到建立和完善，养成具有较高灵活性的人格。

··· 4 ···

然而，我们如果出生在一个父母缺乏共情能力的环境中，会发展成什么样呢？

想想看，你的哭声总是没有人回应，你的饥饿也常常得不到及时的食物提供，缺乏安全感的你，渐渐对这个世界充满怀疑甚至敌意，就会导致人格灵活性的匮乏。于是长大后的你，因为太缺乏安全感，很多社交情境对你来说一样充满了危机。

除了缺乏共情能力的父母，控制型父母也容易培养出人格灵活性匮乏的孩子。

控制型父母习惯给孩子设立很多规矩，这对孩子进行自我探索形成了极大的限制，导致孩子难以发展出真正的自我。当外部环境呈现出不同的状况，孩子如果缺乏独立应对的意识，往往就会依赖父母的意见。久而久之，孩子同样难以养成具有较高灵活性的人格。

总之，一个人的人格灵活性如何，取决于他的自我是否完善。

如果他的自我得到了充分的发展，那么他的人格灵活性就会比较高；相反，如果他的自我在成长过程中一直被压抑、被限制，那么他的人格灵活性就会比较低。

··· 5 ···

"幸福的童年治愈一生，不幸的童年要用一生去治愈。"这句流传甚广的话，虽然有它的合理性，但我们也应该知道，人的发展是可以通过发挥主动性来改变的。

童年并不能完全决定我们的一生，我们可以通过后天的努力，不断提高自己的人格灵活性。

首先，卸下内心的防御。

人格灵活性匮乏的人，通常对自己的一些想法和行为比较执着，很难改变固有的行为模式。他们要想提高人格灵活性，首先就要卸下自己的防御，推倒内心的那堵"高墙"，平时可以多去参加一些有助于我们卸下防御的活动。比如练习舞蹈，每一次身体的舒展，都能帮助他们舒缓情绪，从而更好地与他人建立链接。

其次，多和共情能力强的人相处。

在共情能力强的人面前，我们更容易"被看见"和"被接纳"。和他们相处，我们内在的原始客体会逐渐发生变化，从而发展出更加完善的自我。

能够和我们共情的人，可能是一名心理咨询师，也可能是我们生活中的一位长辈、一位朋友。不管是谁，如果你发现了这样一个人，一定要努力去和他建立一段长久的关系，让自己从中获得治愈。

提高人格灵活性，最大的意义是什么？在我看来，它能让我们内心生出更多的悲悯和仁爱，在与人交往的时候，既不伤人，也不伤己。

PART 3

边界思维

如果无法摆脱"与攻击者认同"的防御机制，不能建立清晰的边界意识，我们的人生将变成一场灾难，因为缺乏界限感的人是没有能力保护自己的。你一味地忍让和迁就，让自己的心理门户大开，结果只会任由他人长驱直入。

缺少界限的关系，就是一场灾难

周怡出生在一个有点儿特殊的家庭，父亲身体残疾，母亲奔着"城市户口"，从遥远的农村嫁了过来。因此这桩缺乏爱的基础的婚姻，本身就有问题。周怡的母亲相貌出众，结婚以后身边依然追求者甚多。

刚结婚不久，母亲就想和她的残疾丈夫离婚，去寻找新的生活。但不巧的是，她很快就发现自己怀孕了，于是只好打消了离婚的念头。

周怡的出生，在母亲看来是有原罪的——因为有了周怡，她没办法抛开丈夫，失去了改变命运的机会。

这个"原罪"意识，导致周怡的母亲在内心无法亲近自己的女儿，甚至有些讨厌女儿。再加上她丈夫因为残疾无法为这个家庭承担更多的责任，家庭生活的重担几乎全落在了周怡母亲的肩上，她内心的怨气就更重了。

··· 2 ···

孩子天生就是敏感的，周怡察觉到了母亲对自己的不满和埋怨，所以她很小就学会了讨好母亲。

据她回忆，五六岁的时候，她已经能够帮家里做一些简单的饭菜了。然而周怡的讨好并没有改变母亲的态度，母亲对她的批评反而变本加厉。

在周怡的整个童年记忆中，母亲对她和父亲的肆意指责，成了家庭生活的"主旋律"。因为找不到庇护所，面对母亲对待自己的所有方式，周怡能做的只有无条件地认同。

也就是说，在周怡的成长过程中，母亲对她的埋怨、指责、挑剔等，都得到了周怡的认同，而且她将这些"不被爱"的感受内化成自我的一部分。

在心理学上，这种情形叫作"与攻击者认同"。

当我们认同了攻击者，就意味着我们给自己的内心设置了一个内在警察。

这个内在警察时时刻刻盯着我们，让我们体验到小时候被攻击者对待时的感受。在成长的过程中，我们逐渐变得习惯性否定和批评自己，对别人的情绪异常敏感，不敢和别人发生冲突，喜欢用委屈自己的方式缓和一段紧张的关系，并且形成内归因的思维模式，常常觉得一切都是自己的错，等等。

··· 3 ···

每个人的成长，都要经历从共生到分化再到独立的过程。

当我们还是襁褓中的婴儿时，我们和母亲是一体的，如果没有母亲，我们就无法存活。

英国心理学家温尼科特说过："当一个孩子还是婴儿的时候，我们提到这个婴儿，无可避免地要提到他的母亲。"此时的婴儿和母亲是共生融合在一起的。

后来，我们渐渐有了自己的思维，对母亲的需要程度也在递减，直到迎来人生中的第一次分化，处于婴儿期的我们有了"我"的意识，知道了妈妈是妈妈，我是我。

这种分化会随着年龄的增长逐渐加强，在青春期的时候迎来最高峰，孩子开始展现出叛逆的一面，试图主宰真正的自我，完成和母亲的分离。

在一个家庭中，如果父母的人格是完善的，对孩子的管理方式是正确的，那么孩子将会顺利成长，最终建立自我认同，实现个人的心理独立。但是如果像周怡一样，出生在一个糟糕的原生家庭中，那么她的自我认同之路就会受阻。

··· 4 ···

一个人总是先通过学习的方式，将他人对自己的认同内化，然后才能逐渐发展出独立的自我认同。

但像周怡这样，如果她内化的是母亲对自己的攻击，那么就很难发展出自己的自我认同。每当周怡想要认同自己的时候，那个暴力的母亲形象就会在潜意识里跳出来，对自己进行一番攻击。这也意味着，周怡始终在背负着母亲的形象，无法和母亲完成分离。

如果我们的内在世界无法和母亲完成分离，这种共生融合的感觉就会被我们投射到外部世界。

对于周怡来说，她缺乏清晰的边界意识，尽管从表面上看她已经是一个成熟的大人，但内在始终是一个寻求认同的小女孩，而周围的人则象征着"母亲"，她将自己和他人在心理上捆绑在一起，心中呼喊着：请你们认同我吧。

如果无法摆脱"与攻击者认同"的防御机制，不能建立清晰的边界意识，我们的人生将变成一场灾难，因为缺乏界限感的人是没有能力保护自己的。你一味地忍让和迁就，让自己的心理门户大开，结果只会任由他人长驱直入。

无法在心理上保护自己的人，一定会在现实世界中屡受伤害。

对于周怡来说，母亲的攻击其实是一种隐形操控，当她没有能力摆脱这种操控的时候，只能不断地向母亲寻求认同，最终造成无休止的内心冲突。

···5···

那么如何才能建立清晰的边界意识呢?

首先,要敢于对别人说"不"。判断自己是否应该做一件事情,只有一个方法,那就是尊重自己的感受。

其次,检查自己的投射。我们与这个世界建立联系,是通过投射的方式。所谓"投射",简单地理解,就是指"我认为的"。遇事多问问自己"真的是这样吗",因为很多时候,我们所认为的并不一定是真相。

最后,也是最重要的一点,就是要坚定"即使是我错了也没关系"的信念。要做到对自我的全盘接纳,这关乎核心自我的建立。

你若做一个允许自己犯错的人,别人就很难影响你,也很难打破你的边界。

在成长的历程中,一个人不可避免地会背负原生家庭的一些印记,如果被这些印记所束缚,就会活得很累,也很难活出自我。

我们只有看清自己的处境,并勇敢地冲破这些束缚,才能迎来真正的新生。

被"偷走"的人生，该如何挽回

当身边的朋友们都在为了找工作费力劳心的时候，即将研究生毕业的李潇，已经准备去人生中的第一个工作岗位报到了。

那是一家事业单位，工作稳定，待遇优厚。

事实上，李潇没花什么力气就得到了这份工作，父母的社会资源给了他很大的助力。工作有了着落后，父母又将一把钥匙交到了他的手里——一套三室一厅的新房，算是父母送给他的毕业礼物。

在同学们眼里，李潇是妥妥的人生赢家，让他们犯愁的好工作、新房子，李潇都能够轻松获得。

但这让人艳羡的一切，对于李潇来说，却"都挺没意思的"。大多数时间里，李潇沉浸在网络游戏中，偶尔从游戏中抽出身来，看着身边忙忙碌碌的同学们，他的心中反而生出一种羡慕。

"为什么获得了同学们想要的一切，我却没什么感觉呢？"

"我真的一点儿快乐的感觉都没有，这究竟是为什么呢？"

在咨询室里，李潇发出了这样的疑问。

··· 2 ···

不仅活得不快乐，李潇发现自己还厌恶很多事情。

比如社交，每逢生日或者某些特殊节日的时候，朋友们都会组织聚会活动，大家相谈甚欢，玩得很尽兴。

可当酒席散场，回到家的时候，李潇总觉得这样的聚会很无聊。相比之下，一个人打游戏似乎更有意思。

总之，在别人眼中，李潇过得很好，衣食无忧，朋友也多；但在他自己看来，他早已对拥有的一切感到麻木，觉得生活无聊透顶。

相信我们每个人都有过收礼物的经验。一般而言，当收到别人馈赠的礼物时，我们内心都会感到开心。可为什么李潇在收到房子这样贵重的礼物时，却感到麻木呢?

答案很简单：李潇收到的礼物太多了。

收到的礼物多，可以理解为父母对李潇的生活干涉得过多。

当李潇的生活被父母一味操控，他的世界就不再受控于自己。在他的世界里，他觉得自己"一点儿用都没有"。

看似完美无缺的安排，本质上是父母过度的操控。正是这种操控，让李潇产生了自我的无价值感。

一个人生来就是要追求自我价值的，如果他总是被无价值感包围，常常感到自己无能、无用，又怎么会过得快乐呢?

··· 3 ···

有一个概念叫"心理主动性"，指的是我们对自己人生的主宰感。

具体而言，就是我们清楚地知道，谁是自己人生的设计者、建设者和受益者。

很多父母表现出很努力、很上进、很阳光、很热情、很有能量的样子，但本质上他们活在一种被动的人生里。他们内心充满了焦虑，迫切希望自己的孩子能够替自己实现人生未竟的理想。

当孩子还小的时候，他们对于要承担父母的期待这件事是缺乏个人意志的，只能听从父母的安排。而他们在能够自己做决定的时候，早已习得了一种心理认知——认为自己的价值体现在对别人需求的满足之上。

这种错误的认知，让孩子在成年后体会到一种深切的不完整感，因为失去了对生活和自我的控制权，所以感到深深的沮丧和委屈。

我在咨询的过程中发现，李潇的读研、工作甚至交友，很多方面本质上都是母亲理想的延续。他没有属于自己的人生，只是服务于母亲理想的一个"工具人"。

一个人最根本的心理需求，就是寻找对自我价值的肯定。

换言之，我们每个人都希望能为自己而活，能对自己的人生负责。我们只有感受到这种对人生的掌控感，内心才会焕发活力和创造性。

对于李潇而言，他的这种价值感已经在满足母亲投射的过程中被摧毁了，他只能被动地按照母亲的期待去生活。对于经营自己的生活，李潇没有一丝主动的意愿，因为他知道，生活早已不属于他。

··· 4 ···

人生被"偷走"的李潇，在完成母亲期待的同时，也形成了价值依赖。

在他看来，按照母亲的要求生活，可能并不会那么快乐，但也不会有什么灾难性的后果；可是如果不按照母亲的要求去做，后果可能是自己难以承受的。

李潇的自我价值感早已习惯建立在满足母亲的期待上，如果离开这个设定，他就会本能地怀疑自己的价值。

当有人告诉他可以按照自己的意愿去选择人生的时候，他的反应是退缩和逃避，然后他会小心翼翼地问自己一句：

"我真的可以吗？"

于是，哪怕讨厌社交，李潇还是会强迫自己去维持一个好人缘的形象；哪怕不喜欢父母安排的工作，李潇也不敢违背母亲的意愿，去追求自己真正喜欢的工作——他就这样被动而痛苦地蜷缩在母亲的期待里。

···5···

怎样才能改变麻木的生活状态，摆脱无价值感呢？

李潇需要做的就是掌握自己人生的主动权。

李潇可以想象得到，假如他告诉母亲自己将不再为了满足她的期待而活，母亲的反应只会是气愤和不解。她大概会这么说："你这个不孝子，我辛辛苦苦做的这一切，难道都是为了我自己吗？"

李潇想要得到的是心理满足，而母亲只给了他物质上的满足，这种需求上的不匹配，导致双方很难进行真正的沟通，因为母亲没有意识到，自己真的"偷走"了孩子的人生。

他要想掌握人生的主动权，就要完成人生设计者、建设者、受益者这三者的整合认同。

其中最难的一点是：承认自己才是自己人生的受益者。这一点之所以最难，是因为我们需要处理大量深藏于潜意识中的愧疚、羞耻和恐惧等负面情绪。

换言之，对于李潇来说最重要的事情是，敢于承认自己才是自己人生的受益者。这意味着他要违背母亲的意愿，去做那些真正能够让自己快乐的事情。他做让自己快乐的事情所需要付出的代价，就是和母亲完成分离，脱离母亲给予他的保护。

···6···

韩剧《二十五，二十一》里有这样一个情节：击剑队员李睿知向教练提出想要放弃击剑，理由是自己无法从中找到快乐。

教练对她说，想要放弃可以，但是先得打进全国八强。

李睿知在此后的日子里拼命训练，最终真的打进了全国八强。在她打进全国八强后，教练又说道："你都已经进入八强了，继续努力，就可能成为四强选手。"

李睿知回答道："不了，教练，我的击剑生涯到这里就可以了，把机会留给更热爱它的人吧。"

每个人都可以掌控自己的人生，都可以选择做让自己真正快乐的事情。我们只有告别对他人的价值依赖，确认自己才是自己人生的设计者、建设者和受益者，才能创造属于自己的人生。

你所谓的心直口快，不一定是真的爽快

··· 1 ···

余悦在她的朋友圈里有一个绰号，叫作"灭绝师太"。这倒不是因为她个性要强，而是因为她说出的话常常有巨大的杀伤力。

比如，朋友们正在微信群里商量聚会的事，七嘴八舌地讨论着具体的时间和地点，一时半会儿没能确定下来，余悦就直接在群里宣称自己不参加了，理由是"你们真的太磨叽了，我的时间很宝贵"。

再比如，要是哪次聚会有人迟到，她也会毫不客气地直接指责对方："守时是最基本的素质，像你这样总是迟到的人，怎么在社会上混呢？"这种不近人情的批评，常常搞得对方无比尴尬。

见余悦一直单身，朋友善意地劝她："余悦，三十几岁了，该找个男朋友了，不然多孤单。"

余悦答道："你就别替我操心了！你不知道单身的日子有多爽，我哪里需要什么男人！"

总之，只要余悦一开口，大家就几乎没什么能接的话。有个别朋友向余悦提过一些意见，提醒她说话的时候考虑一下别人的感受，毕竟不是人人都能接受她那么直接的说话方式。

听到这样的反馈，余悦反而觉得自己很委屈："我说的就是事实啊。我只是心直口快而已，心直口快有什么错吗？"

··· 2 ···

在心理学的范畴，语言是一个人内心活动的反映。语言的内容以及表达方式，都在清晰地传达着一个人内在的心理活动。

怎样理解"心直口快"？

我们常常用"心直口快"形容一个人爽朗直率的性格，但从心理动力学的角度来看，"心直口快"的交流方式至少有以下三层深刻的含义：

（1）用"心直口快"表达"我不想看见你、理解你"

能够表达自己的感受和想法，是一个人获得独立人格的前提。

但如果一个人在表达的过程中完全不顾及对方的感受，就说明他在与人沟通的时候，内心深处是没有理解对方、与对方共情的意识的。

有的人在成长过程中，很少获得别人真正的理解和支持，导致内心积压了很多委屈，消耗了很多心理能量，因此他也就没有更多的能量去理解和支持他人。

（2）用"心直口快"表达"我渴望被你看见"

每个人最终的心理需求，都是渴望"被看见"。所谓"被看见"，就是指"你出现在我的世界里，仿佛一道光，照亮了我的黑暗世界"。

　　我们都渴望有人能够接纳自己所有的不完美，让我们感受到温暖和力量，感受到活力与生机。

　　一个从小没有被父母全盘接纳过的孩子，会用一生的时间去寻求"被看见"的体验。所谓"心直口快"，就是寻求"被看见"的一种途径，它的潜台词是：我把我真实的、不完美的、看上去有些让人讨厌的自己全部呈现出来，希望你能够接纳这样的我。

　　（3）用"心直口快"表达"我要攻击你"

　　除了大量的委屈，没被父母接纳过的孩子内心深处还会积压很多愤怒，但出于对父母本能的爱，孩子会在内心深处压抑自己的负面感受。这些被压抑的负面感受并不会消失，而是会在以后的日子里到处寻找表达的出口。

　　"心直口快"之所以让人感觉不舒服，是因为它本质上是攻击性的一种表达，这种攻击性就源自原始的负面感受。一个人因为潜意识里充满了委屈和愤怒，所以就会在行为上表现出攻击性。

··· 3 ···

真正成熟的人，都拥有清晰的心理边界，他们既能真实地表达自己，又能照顾好他人的情绪；能做到既让自己舒服，又让别人舒服。

因此，"心直口快"很多时候就是一种缺乏心理边界的表现。

当然，我并不是说"心直口快"一无是处。

很多时候，那些说话开门见山、简单直接的人，在社交场上普遍被认为真诚而大受欢迎。我想表达的是，那些不照顾别人情绪的"心直口快"的人，如果能够调整一下自己的表达方式，让自己变得更友好一些，那么一定会收获更加和谐的人际关系。

··· 4 ···

那我们该如何调整自己的表达方式呢？

首先，把你内心的委屈和愤怒表达出来。无论是找朋友倾诉自己不幸的童年经历，还是给伤害过自己的人写一封信，都是很好的疗愈方式。在此过程中，让你的情绪逐步得到释放。

其次，说话要学会慢半拍。尝试让自己慢一点开口，开口之前想一想，如果别人用你的方式和你说话，你会有什么感受。这样换位思考后，你会更能理解别人的感受，从而减少自己不合时宜的"心直口快"。

最后，每天赞美三个人。童年的情感创伤让你习惯沉溺于黑暗的能量状态中，要摆脱这种负面感受，你可以尝试每天赞美三个人。所谓赞美，不是客套地说一句"你真的很棒"，而是发自内心地欣赏别人的优点。

当你能够看到别人的优点，并且能够表达自己的赞美时，就意味着你拥有了积极的思维。这种积极的思维将带领你走出创伤，带领你感受自己的美好。

如何摆脱病理性羞耻

场景一：早上去上班的时候，李晓宁在电梯口偶遇自己的直属领导，正犹豫要不要主动上前打招呼，自己就被人群挤进了电梯。搭电梯的过程中李晓宁特别忐忑，因为她觉得自己不和领导打招呼似乎是不对的。

场景二：在办公桌前工作的李晓宁，偶然瞥到工位斜对面的两个同事边说边笑，在议论着什么，她不自觉地低头检查了一下着装。她总觉得那些议论里，有关于自己的一些内容。

场景三：领导把李晓宁叫到办公室，指出她昨天提交的报告里有一处错误。李晓宁于是陷入自我怀疑，认为一直以来自己似乎什么都做不好，简直一无是处。她觉得领导大概早就厌倦自己了，这份工作真的很难继续做下去。

……

以上都是李晓宁日常工作中的场景。

总之，用她自己的话说，不知道为什么，自己总是因为工作中的一些小事终日惶惶不安。

… 2 …

李晓宁这种惶惶不安的感觉，实际上与其内心的羞耻感有关。

生活中的很多时候，我们都会产生羞耻的感受，比如当众出丑的时候，或者公开告白被拒绝的时候。感到羞耻是我们正常的情绪反应。

不过像李晓宁这样，在日常工作和生活中，时时刻刻被"羞耻"所困扰，以致终日惶惶不安，则是羞耻感的一种过度表现。

在心理学上，这种现象叫作"病理性羞耻"。

那些怀有病理性羞耻的人，会觉得自己的存在本身就是一种错误、一种羞耻。在这种根源性的认知下，会衍生出一系列负面的自我认知，于是他们会一味地进行自我贬低，夸大自己的缺点，比如认为"我简直一无是处""我活该被人批评"，等等。

怀有病理性羞耻的人，总是轻易地从方方面面否定自己。也许在别人看来，他们一样拥有很多闪光点，可惜习惯性的自我否定，让他们一直以来忽视了自己的优点，只盯着自己的缺点。有时候，为了能更好地融入环境，他们会尽量表现得自信，但总是难掩内心的不安。

事实上，当一个人从根本上否定了自我，便意味着他丧失了自己的"存在边界"。这时候，别人的任何言语或行为，在他眼中都有可能成为一柄利器，向自己的世界狠狠刺入。

··· 3 ···

根据弗洛伊德的人格结构理论，完整的人格结构由三部分组成，即本我、自我和超我。

本我由欲望支配，遵循的是快乐原则，它不顾现实，只要求满足欲望；超我由道德支配，遵循的是理想原则，它通过自我典范（即良心和自我理想）确定行为标准；而自我是面对现实的我，遵循的是现实原则，它活动于本我和超我之间，以现实条件实行本我的欲望，又要服从超我的强制规则。

怀有病理性羞耻的人，其自我一定是弱小的，因此才会时时刻刻感受到自己的不足。为了应对生活中的种种挫折，他们就会发展出非常理想化的超我，幻想自己是完美的、全能的。这就好像一个被困在深渊的人，他的自我呼喊道："我完蛋了，一定逃不出去！"他的超我则说："你就像神一样伟大，可以超越所有的苦难！"

怀有病理性羞耻的人，不断地否定自我，同时强化着他们对"完美自我"的需求。在他们看来，如果做不到完美，自己就会陷入永无止境的羞耻感中。然而他们越是追求完美，越是能够发现自己的缺点，从而越会加强对自己的否定和攻击。这种矛盾的、病态的人格，让他们常常充满无力和绝望。

··· **4** ···

如何走出病理性羞耻?

你需要建立自己的"存在边界",从根本上承认自我存在的合理性。

你知道自己很多时候是脆弱的、很多事情是做不到的、很多地方是不如别人的……但这一切都没有关系,你依然有自己存在的独特价值。

以色列作家尤瓦尔·赫拉利在他的著作《人类简史》中提出了一个非常有趣的观点,他认为智人之所以能够在进化中胜出,最终站在食物链顶端,离不开自身的一项重要能力——讲故事的能力。

和人类的发展史类似,一个人的自我发展史也建构在故事之中。

那些负面的自我认知,就是你在大脑中为自己搭建的故事,一旦你认同了那些故事,你将在自我否定、自我贬低的情境里继续发展,最终度过糟糕的、消极的一生。

而你只有先改写自己大脑中的故事,才能改写自己的人生。

　　这并不容易做到。因为你必须先摆脱别人给你设定的"原罪"——那些你认为自己糟糕的地方，那些你给自己贴的负面标签，告诉自己"这不是我的错"。

　　当你不再给自己"定罪"的时候，你就可以去尝试为自己搭建新的故事，拥抱新的人生。

习惯说"好吧"的人，不一定是真的好

··· 1 ···

你是否遇见过这样一种人：每当面对自己不满意的人或事，他们习惯以各种隐蔽的、间接的方式——比如沉默、暗示等，宣泄自己的情绪，表达自己的攻击性，常常让人摸不着头脑。

你和他们相处，有时甚至让你严重怀疑自己是不是做错了什么。

如果你身边正好有这样的人，那么你很可能遇见了"被动攻击者"。

··· 2 ···

唐小静因为人际关系方面的困扰，走进了我的咨询室。

按照她自己的表述，她在公司里属于十足的"老好人"：比如，公司有个她很不喜欢的同事，经常找她一起吃饭或者逛街，尽管内心不想去，但她每次还是会答应对方。其他同事就更不用说，无论谁找她帮忙，她都会帮。

我问她："你给别人帮忙的时候开心吗？"

她沉默了一会儿，回答了四个字："假装开心。"

随着咨询的深入，我了解到，唐小静在生活中显然把自己当成了一个演技高超的演员。

但只要是表演，就一定会有破绽。唐小静的那些"不开心"还是通过其他形式表现了出来：比如，在和那位自己不喜欢的同事逛街的时候，她偶尔会以开玩笑的口吻，嘲讽对方眼光差、没品位；在给其他同事帮忙的时候，她也常常表现得有些粗心。

唐小静虽然没有直接展现自己的不满，但她还是以一种非常消极、隐蔽的方式，把内心的负面情绪表达了出来。她的这种表达负面情绪的方式，就叫作"被动攻击"。

··· 3 ···

一个不懂拒绝的人，注定要承担违背自己意愿的痛苦。

唐小静人际困扰的根源，便在于不懂拒绝。为了满足别人的期待，她苦心经营着自己"老好人"的人设，但内心被隐藏起来的负面情绪还是会不可避免地冒出来。

负面情绪被压抑得越深，反抗起来越激烈。唐小静的内心深处，其实有着强烈的"做自己"的渴望。当无法明确说"不"的时候，她只好选择用"被动攻击"的方式表达自己的拒绝，其潜台词便是：你让我难受，我也不会让你好过！

"被动攻击"的危害在于，它不仅会破坏人际关系，更是一种对自我的惩罚。因为自己的负面情绪无法被直接地、正常地释放出来，"被动攻击者"们会长时间处于一种消极的状态，严重影响自身的心理健康。

··· 4 ···

很多时候，识别他人的"被动攻击"不难，难的是检视自身。

　　那么我们该如何判断自己是否陷入了"被动攻击"的人际互动模式呢？

　　对此，我们可以仔细回想一下，自己在生活中是否有这样的行为习惯：当对别人心生不满时，不会直接指出来，而是表现出一种闷闷不乐的情绪；对某人有意见，会主动疏远对方，而不说明原因；对待工作，有时会故意拖延、懈怠、不配合，只为"惩罚"某人；常常用各种夸张的动作而非语言表达自己的否定意见，比如关门的时候故意制造很大的动静……

　　以上类似的表现，如果你也有，那么你在生活中同样习惯使用"被动攻击"。

···5···

　　在发现自己存在"被动攻击"后，接下来，我们就该学习如何摆脱这种不良的互动模式。

　　首先，提高感知自己情绪的能力。"被动攻击"的发生，往往源于我们对自身情绪的忽视——不仅是对情绪本身的忽视，也包括对情绪来源的忽视。我们只有看见自己的情绪，看见情绪发生的过程，才能看见自己"被动攻击"背后的需求，从而激发自我改变的动机。

其次，将自己的感受语言化。一个人之所以开启"被动攻击"的模式，一定是因为内心的某种消极感受被引发了。当我们能够将这些感受平和地说出来，我们就更容易被对方理解和接受。大量心理学研究表明：人际沟通中能够真诚地表达自己的感受，对促进彼此关系的发展有着极为重要的意义。

最后，针对唐小静这类人，他们只需做到一点，就能从根源上摆脱"被动攻击"，那便是培养自己拒绝他人的能力。长久以来，因为不懂拒绝，他们早已习惯违心地迎合周围的一切，导致内心周期性地积累大量的负面情绪。接着，这些负面情绪又被他们以"被动攻击"的方式，一次次报复性地表达了出来……

对于他们来说，只有学会拒绝他人，建立起自己的边界意识，才能真正走出"被动攻击"的恶性循环。

别轻易说你懂我

生活中有这么一种人：他们在和你交流的过程中，总喜欢用非常笃定的口吻对你进行评价，比如"你一定要……""你肯定会……""我早说过你应该……"，等等，这些都是他们惯用的句式。

他们自以为对你甚是了解，实际上，他们只是好为人师，甚至喜欢随意给你贴标签罢了。

更让人烦恼的是，当你向他们澄清事实或进行反驳时，他们反而会露出一种意味深长的神情，好像早已洞穿了一切似的，对你说一句："哎呀，你就别装了！"

听到这种话，相信你已经意识到你们之间存在着一道沟通的鸿沟，你能做的，就是放弃辩解，转身离去，或者苦笑着回应一句："行行行，就你有理。"

···2···

心理学上有一个概念，叫作"投射"。

"投射"是什么意思呢？

一个人自身就像一部放映机，投射的过程，就是通过操作使底片成像的过程。一个人把自己的情感、意志、行为动机等强加给另外一个人，这就是"投射"。

显然，那些即使遭到我们否认后依然坚信自己很了解我们的人，就热衷于玩"投射"的游戏。他们对自己的判断和理解坚信不疑，便是因为他们只看见自己底片上拥有的东西，却看不见底片之外的其他东西。

你可能会疑惑，为什么一个人会在人际关系中玩这样的游戏呢？

那是因为他自身需要。

在某些情况下，个体出于自我保护，就会启动"投射"

的心理防御机制。举个例子，有一次我在微信公众号发了篇文章，其中谈到了一些和性有关的话题。一位女性读者就在后台给我留言，大概的意思是：我印象中的你应该是优雅、知性、友善的，而不是会在公开场合说出"做爱"这种粗俗字眼的人。

总之，这位读者表示对我非常失望，并决定对我取消关注。

显然，在她眼里，我是"分裂"的：既有温和、美丽的一面，又有粗俗、丑陋的一面。

最初，她将我当作"知心姐姐"，觉得我身上布满天使的光辉，这叫"理想化投射"，代表了一个人理想自我的一部分；直到看见我在文章中使用了"做爱"这样的词汇，她又觉得我粗俗不堪，这叫"负向性投射"，它代表了一个人不能接纳的自我部分。

这位读者之所以对我失望，是因为她自己把性看作一件羞耻的、不能公开讨论的事情，我的文章正好勾起了她内心对性的羞耻感，于是她将这种感受投射给了我，以此进行自我保护：确保自己是"好的""优雅的"。

··· 3 ···

我们常常在人际关系中接收到来自别人的负向性投射，并由此产生强烈的挫败感。有的人在接收到这样的投射后，会选择向对方或者向这段关系发起攻击，而结局只能是两败俱伤。

我的朋友小红，在大家眼中属于聪明能干的独立女性典范。但在她老公眼里，她却是一个懒散且没什么主见的人。

同样一个人，为什么会得到两种完全相悖的评价？

小红难以接受老公对自己的评价，为此也曾和老公争得面红耳赤，说自己不是那样的人，可老公对她的贬低始终没有停止。结果可想而知，原本勤于家务、事事上心的小红，在家里开始选择"躺平"，真的满足了老公对自己的"期待"。

为什么小红勤劳能干的特质无法得到老公的认同呢？

原来，在这段婚姻关系里，小红很早就觉察到老公的工作能力不是很强，其他各方面也不是很优秀，于是潜意识里就有了很多对老公的不满。尽管这些不满她从来没有说出口，但时间久了，这种情绪还是在不自觉的状况下无意识地显露了出来。

　　小红的老公渐渐觉察到自己在小红眼里是个没价值的人，于是选择发起攻击，通过投射的方式"剥夺"了小红的价值。

　　在以上案例中，你可以清晰地看到，在人际关系中的一方首先使用了攻击，而另一方为了"自保"，选择了用投射的方式来进行回击。

···4···

　　这世上，每个人都是独一无二的存在。

　　除了先天基因不同，我们还拥有不同的原生家庭、不同的成长经历，这些都参与塑造了我们最终的样子。

　　我们不要再轻易地去主观认定"我懂你"了，真正的懂得，一定是建立在深深的理解、接纳之上的。比起让人无力吐槽的"别装了，我懂你"，一句坦诚的"我确实不懂，但我愿意慢慢了解你"，往往能瞬间拉近双方的关系。

　　很多时候，承认不懂，是对双方关系最大的尊重。

婚姻中，到底要不要看伴侣的手机

问你一个严肃的问题：对自己朝夕相处的伴侣，你到底了解多少？

我猜很多人看到这样的问题，都会信誓旦旦地表示，自己非常了解自己的另一半，就连对方心里想什么自己都一清二楚。

然而，事实可能会让你大跌眼镜。

意大利电影《完美陌生人》讲了这样一个故事：一个月

食之夜，由三对夫妻和一位未婚宅男组成的七人好友团，相约在其中一对夫妻洛克和伊娃的家中聚会。

正常的好友聚会，大家一般都是聊八卦、扯闲篇，愉快地消磨时间。这七个人的聚会，却不按常理出牌。女主人伊娃提议，大家一起玩一个"危险游戏"：所有人都将手机掏出来，放在桌子上，无论是谁，接下来收到的每一条信息，都请公开内容，和大家分享。

这时，伊娃的老公洛克提出了反对意见，他表示自己不会参与这个游戏，因为"人与人之间的关系是非常脆弱的"。

看到这里，你不妨问问自己：倘若我是他们中的一员，我会愿意玩这个游戏吗？

我想大多数人都会表现出迟疑，因为我们每个人的内心都藏着一些不太愿意让别人知道的秘密。这些秘密未必和出轨、背叛等破坏亲密关系的内容有关，而仅仅是我们不想展示给别人的一部分自我。

在这部电影中，一开始表示拒绝参与游戏的男主人洛克，最后也在大家的怂恿下参与了游戏。随着游戏的进行，朋友们发现了洛克的秘密：原来洛克一直在进行心理治疗。

奇怪的是，伊娃本身就是一名心理咨询师，可她对丈夫正在进行心理治疗的事情竟然毫不知情。

接受心理治疗是一件多么不道德的事情吗？当然不是。但是对洛克而言，那一部分自我是他不愿和人分享的，哪怕是自己的妻子。

··· 3 ···

心理学认为，人在亲密关系中有两种恐惧，一种是被抛弃的恐惧，另一种是被吞没的恐惧。

男女之间建立夫妻关系，要经历打破彼此界限、互相融入的过程。

在此过程中，我们为了防止自己产生被吞没的恐惧，就会用各种方式为自己创造一些私密的心理空间。

比如，你总是在朋友圈给某个自己欣赏的异性点赞，你会定期悄悄地给父母寄一笔钱，你习惯找某个知心朋友聊聊心里话……很多类似的情况，为了避免一些无谓的误解和争执，你都不想让伴侣知道。这当然无关背叛，而只象征着你有权利"做自己"。

所以，一个人在想要查看伴侣手机的时候，其实是在试图侵占对方私密的心理空间，剥夺对方"做自己"的权利。

哪怕对方表面上没有表现出不悦，其内心也一定会有被侵占、被剥夺的糟糕体验，这只会在更深的层次上破坏彼此的亲密关系。

··· 4 ···

我们再看这部电影。在这个七人好友团里，唯一没有携带伴侣的佩普，一直被另外三对夫妻吐槽：为什么迟迟都不带你女朋友给我们看看？你好自私啊，光想留着美女自己欣赏是不是？

面对朋友们的吐槽，佩普显得面露难色，然后找各种自己女朋友不能出现的借口。可是当游戏进行到一半的时候，有男性打电话进来，说想念他。于是，佩普是同性恋的秘密再也藏不住了。

佩普的秘密暴露后，现场气氛略显尴尬，作为从小到大的玩伴，另外三位男士竟然都不知道佩普的性取向。

那么，佩普在过去为什么不和朋友们坦白自己的秘密，反而编造谎言隐瞒自己的性取向呢？

因为害怕。也许他害怕别人异样的眼光，也许他害怕得不到朋友们的理解，也许他害怕自己和这个世界上的大多数人不一样……事实上，很多人的内心都有一部分自我——脆弱的、自卑的、渺小的自我——是害怕被别人看见的。他们不想自己坚强的、自信的、伟岸的形象被打破，想继续被人认可、被人接纳、被人赞美，所以选择自己去处理那部分负面感受。

··· 5 ···

随着剧情的推进，我们发现，除了洛克和佩普，其他几个人的秘密简直令人惊掉下巴：伊娃和丈夫的朋友卡西莫在偷情；卡西莫不仅和伊娃有染，且另有情妇；另外一对夫妻莱勒和卡洛塔，各自都有暧昧对象。也就是说，三组婚姻关系，每一组都千疮百孔。

　　有评论说，这部电影不适合未婚人士看，它会摧毁很多人对婚姻的美好想象。

　　在现实生活中，很多人发现伴侣对自己不用心，或者对家庭不关心的时候，都会心生疑虑，想要偷看对方的手机。婚姻中，到底要不要看伴侣的手机？你想过没，你偷看的目的是什么呢？是为了证明对方已有新欢？还是只为确保自己心安？

　　无论出于什么目的，你看对方手机，都无法帮助你真正解决婚姻中出现的问题，反而会侵占对方的私密心理空间，对你们之间的亲密关系造成伤害。因为关系再亲密的爱人，也有互相保留一部分自我的权利。

　　谁都渴望如胶似漆的感情，但现实中的爱情，保持一点距离感才更美好。

关系真相

好的关系不是不吵架，也不是总吵架，而是能够正确地吵架。

学会正确地吵架，我们都能在亲密关系里成为更好的自己。

如何正确地吵架

晓莹最近很纠结，不知道该不该申请辞职。

很长一段时间以来，她总觉得自己和领导意见不合，导致内心充满压力。

开会时，每当发现自己和领导有不同意见，晓莹很难据理力争，而是选择退缩，压抑自己的真实想法。用她自己的话说："我实在懒得和他们沟通。"

实际上，晓莹不是"懒得沟通"，而是"不敢沟通"。

童年打了败仗，一生都在溃逃。一个人在童年时期受过的创伤，深刻地影响着他今后的人生。

晓莹成长于一个充满了冲突的家庭，自记事起，父母似乎每天都在争吵。她见识了父母之间太多的肢体暴力，印象最深的一次，是母亲的头部被父亲打出了血，后来送到医院缝了七八针。

试想一下，对于一个孩子来说，这样激烈的家庭冲突意味着什么？巨大的恐惧。这种恐惧的感觉很早地被记录在晓莹的潜意识里。在这种家庭氛围下成长的孩子，为了摆脱恐惧，便会启动逃跑的本能。

于是，长大后的晓莹，只要有冲突出现，她的潜意识就会下达指令，催促自己赶紧逃离。"和领导意见不合"，在晓莹看来就是一种潜在的冲突，因此她选择了逃离。

···2···

现实生活中，我们常常会遇到这样的人：他们在外面从来不与别人发生争吵，在家里也常常回避一切冲突。

从表面上看，是因为他们性格温良宽厚，实际上，是因为他们缺乏足够多的心理空间去容纳冲突。

在他们看来，冲突意味着灾难，甚至毁灭。

心理上无法容纳冲突的人，也很难真正拥有亲密关系。因为亲密关系的建立，就是两个人打破彼此界限、互相融合的过程。经过冲突和调整，两个原本独立的圆既有了重叠的部分，又保留了各自独特的部分。

一个人选择回避冲突，就是选择了关上自己的心门，拒绝别人走进自己的内心，自然也就无法同他人建立真正的亲密关系。

···3···

亲密关系中的吵架，从表面上看是由于观点不同引发的冲突，但从心理学的角度看，每一次争吵都隐含了很多深层的心理活动。

（1）"请你看见我的存在"

亲密关系是母婴关系的一种延续。亲密关系中的双方，于对方而言，彼此都有着非同寻常的意义，其中最重要的一点是"因为你，我变成了非常美好的存在"，个体的价值感和生命的意义感都在这种亲密关系上得以构建。

这种亲密关系一旦遭到外界的威胁，就可能会带来冲突，而这种冲突是在表达：你对我是如此的重要，如果你不爱我了，那我的生命就没有了意义。

（2）"请你看见我的需求"

亲密关系之所以能够建立，是因为彼此对对方都有爱的需求，并且都能满足对方的需求。当彼此间这种需求不平衡的时候，就容易发生冲突。而这种冲突是在表达：请你看见我的需求，并照顾我的需求。

比如，在很多家庭中，夫妻都有分工。越是夫妻分工明确的家庭争吵越多，妻子常常抱怨丈夫不做家务，丈夫则总是指责妻子连孩子都带不好，等等。实际上，夫妻双方都是在通过争吵表达自己的需求，他们都渴望对方能够满足自己"被理解"的需求。

（3）"我想和你亲近"

在亲密关系里，吵架意味着打开彼此的边界，释放真实的自我。

如果在吵架的过程中，真实的自我被对方接纳，彼此之间的感情就会升温；反之，如果真实的自我不被接纳，那么不被接纳的一方就会体验到受伤的感觉。总之，吵架这一行为就是在表达我们潜意识里想和对方亲近的渴望。

生活中，我们总能见到一些人会以"找碴儿"的方式，向伴侣寻找吵架的机会，比如常常向对方提出"你到底爱不爱我"的考问，常常向对方说"我真的讨厌你，再也不想理你了"。

这些表达的背后，真实的含义都是：我想和你亲近。

在亲密关系里，双方能吵架、敢吵架，说明二人都有容纳冲突的能力，也都有和对方亲近的强烈渴望。这样的关系模式才是健康的。

··· 4 ···

当然，我并不鼓励冲突，只是想让大家看到冲突的积极意义。但不可否认的是，频繁的、失控的冲突，的确会让亲密关系变得更糟。

因此，如何正确地面对冲突，就成了每个人经营亲密关系所不可缺少的智慧。

首先，不要逃避冲突。很多人无法直面冲突，是因为他们在内心给冲突预设了一种结果，那就是"冲突会带来毁灭性的灾难"。一个人如果能看到生活中冲突的普遍性，看到冲突背后的积极意义，就会卸下对冲突的恐惧，不再退却和逃避。

其次，拓宽自己的心理空间，也就是提高自己的心理包容度。注意，这并非鼓励你隐忍、压抑自我，而是让你摒弃"受害者思维"，不要总是把冲突视为对自己的伤害，而是认清冲突不过是一种自我表达的方式。提高自己的心理包容度，最重要的事就是接纳别人与自己的不同，包括不同的意见、不同的思想等，不必互相说服，只需彼此尊重。

最后，要学会正向表达。所谓正向表达，指的是我们的语言和内心真实的想法保持一致。我们常常见到的情况是，明明很在乎对方，吵架的时候偏偏要说："你走吧，走得越远越好，永远都不要再回来！"这种带有攻击性的表达，虽然让你短暂地感受到情绪释放所带来的快感，但对于你们的亲密关系却有着巨大的破坏力。

··· 5 ···

当冲突发生的时候，我们首先要做的是不退却、不逃避，提醒自己冲突的本质不过是一种自我表达的方式，然后试着去正向地表达自己。

好的关系不是不吵架，也不是总吵架，而是能够正确地吵架。

学会正确地吵架，我们都能在亲密关系里成为更好的自己。

用冷漠逃避爱，也用冷漠渴望爱

真正爱一个人，应该是什么样子？

在大多数人看来，爱的表现形式就是亲密。

"你侬我侬""朝思暮想""一日不见，如隔三秋"……

这么多美好的词汇，都在表明爱是主动的、热烈的、亲密的。

也有一些人，他们关于爱的表达却是另外的样子。

他们很难顺利地和别人建立亲密关系，每当发觉自己喜欢上一个人的时候，总免不了紧张不安，简直"如临大敌"，哪怕是给对方发条信息，也表现得犹豫不决，反复斟酌之后还是无法按下发送键，只好放弃。

他们在喜欢的人面前总是表现得特别冷漠，明明内心渴望和对方能够多有一些沟通，却常常不明缘由地退缩和回避，还要假装自己对对方毫不在意，在对方面前刻意表现得云淡风轻。

别看他们行为笨拙，内心戏却特别多，总是默念着自己如何地爱着对方，如何地在意对方，如何地关心对方。可惜的是，所有这些念头只是放在心里，他们从不会去主动表达。

··· 2 ···

这种在亲密关系中明明渴望爱，却又表现得被动、回避的行为，在心理学上被称为"回避型依恋"。

也许你会说，面对自己所爱之人，每个人多少都会有些自卑感，也不全然会主动。

确实，在亲密关系中表现出适当的回避属于非常正常的现象，但如果你的行为是因为喜欢而选择刻意疏远，那可能就不仅仅是恋爱中的羞怯感所致的，而要在自己的依恋模式中找到症结。

"回避型依恋"的概念来自依恋理论。心理学家通过大量对于母婴互动的观察、追踪、研究、测验等，发现和归纳出三种截然不同的母婴依恋模式，回避型依恋便是其中一种。

回避型依恋模式，指的是婴儿对母亲的在场或离开表现出"不在意"和"无动于衷"，他们沉浸在自己的世界里，特别是当离开的母亲重新回来时，他们会表现出明显的回避。在我们看来，他们似乎平静地放弃了和母亲情感上的链接，可是通过对他们当下情境中心率和皮质醇水平的测量，其数据明显高于安全型依恋的婴儿。也就是说，他们有着更高水平的焦虑指数和压力状态。

心理动力学借用和拓展了这一概念，以此描述一类在亲密关系中表现出同样依恋特征的人，称之为回避型依恋者。

··· 3 ···

人类对"亲密"有着天然的渴望，温暖的触摸、热情的拥抱都能带给我们心理上的安全感和满足感。

研究表明，经常获得拥抱和抚摸，可以帮助我们有效缓解压力，提升幸福感。

既然如此，为什么还会有人用假装冷漠的方式回避亲密关系呢？

当我们还是婴儿的时候，如果我们的妈妈或者类似于妈妈这个角色的主要养育者，对于我们的需求给予了及时的满足，那么我们就得到了需求的正反馈，也就获得了来自母婴关系中的安全感和抱持感；反之，如果我们的需求没有被满足，而是被忽略了，那么我们就会觉得自己的需求可能是不合理的，从而压抑自己，同时给自己贴上"我不够好"的标签。

渴望被爱，是人类的本能，可是当我们不被爱的时候，渴望爱就成了一种羞耻。为了避免这种羞耻感，我们就会用假装毫不在乎的方式，掩藏自己渴望被爱的愿望。

我们在生命早期的这种体验，很大程度上会影响我们一生的亲密关系。

一次次被拒绝、被忽视的体验，会在我们心里形成巨大的裂痕，成为不可触碰的伤疤。长大以后，我们在意识到爱的需求的时候，潜意识里那种羞耻感也会悄悄出现，如影随形。

••• 4 •••

对于安全型依恋者来说，爱意味着信任、赞赏、安全和归属；而对于回避型依恋者来说，爱意味着羞耻、自责、自我怀疑、自我否定。

回避型依恋者在面对自己所爱的人的时候，所有不好的感受会连同翻滚的爱意一起涌现，使他们感到忐忑不安，因为他们从来没有被真正爱过。

一个没有被真正爱过的人，就会产生"我不够好""我很糟糕"的观念。他们害怕会重复早年那种不被爱的体验，便会启动防御机制——冷漠地回避。

对于很多回避型依恋者来说，他们可以拥有很好的友情和很好的职场关系。他们在社交中的表现让你难以相信他们是"不太会爱"的人，只有在深入的亲密关系中，你才能体会到他们的慌张和冷漠。

这是因为，只有在爱的人面前，他们才会照见"我不够好"的创伤；只有在爱的人面前，那种潜藏在内心深处的羞耻感和恐惧感才会被唤醒。

在他们心中，爱是渴望，也是毒药。于是他们一边渴望爱，一边回避爱。

···5···

"不被爱"的种子一旦被种下，就会在我们内心生根发芽，最终长出畸形的果实。

这些果实名称各异，有的叫"我不值得被爱"，有的叫"我很糟糕"，也有的叫"他是不会爱我的"，还有的叫"我配不上这么好的东西"，等等。

这些果实最大的毒害就是让我们感到自卑、羞耻、虚弱，并且深信这样糟糕的自己无法让别人真正地接纳。

我们因为不相信真实的自己会被人接纳，所以学会了伪装。

我们用一个"假自我"来和这个世界周旋：我们虚张声势、假装强悍、刻意冷漠、故意回避；我们抬起高傲的头颅，藐视世间的一切。我们以为这样做，就会有人爱我们。

可是，当真的有人向我们表达爱的时候，我们却犹豫了。

因为我们知道，对方爱上的是假的自己啊，真实的自己怎么会被爱呢？于是我们仓皇而逃，只因害怕暴露那个真实的自己。

… 6 …

在心理咨询中，我经常会让来访者做一个拥抱自我的游戏，你也可以试试。

请你想象自己手里拿着很多气球，来到了一个公园门口。那里有很多小朋友，他们看见你手里的气球，主动地跑过来向你索要。你很热情地将气球分给了他们，这时候，你发现不远处有一个小朋友，正在用渴望的眼神看向你，但出于羞怯，不敢走过来。那么你会怎么做呢？

我想，你大概会主动走过去，把手里的气球分给他一个，顺便用手抚摸一下他的头，或者蹲下去抱抱他。他羞怯，但是你并没有嫌弃他，而是通过抚摸或拥抱向他表达善意和爱心。

那个羞怯的小朋友，其实就是另一个你自己。

你要相信，真实的自己并没有那么糟糕，真实的自己也值得被爱。潜意识里那些牢固的关于自我的负面认知，屏蔽了这些积极信念，导致你从来不敢展现真实的自己。

··· 7 ···

学着去展现真实的自己吧，虚张声势不会帮你迎来真爱，而残缺的、不完美的真实，才会为你赢得一切。我们只有真实，才会让"被看见"成为可能；只有"被看见"，才能让自己体验到被爱的感觉。

最好的亲密关系，不是两个完美的人结合在一起，而是两个各自有缺点的人彼此接纳，向对方展示真实的自己。

为什么你无法真实地表达自己

心理学研究表明，良好的人际关系是人们最重要的幸福感来源。

这句话反过来说，似乎也是成立的：很多人的痛苦，源于人际关系出现的各种问题。

链接人际关系的是沟通，所以为了解决痛苦，很多人去看各种关于沟通技巧的书，去听五花八门的情商课，可到头来人际关系也没见处理得多好。

大道至简。很多东西回归到本质，都是非常简单、朴素的，沟通亦是如此。

真正有效的沟通方式，没有那么多花里胡哨的技巧，只需真实地表达自己。

那么，在日常和别人的沟通中，你能做到真实地表达自己吗？

··· 2 ···

真实地表达自己，看似没什么困难，实际上很多人都做不到。

不信吗？来看看下面的场景：

你和恋人吵架了，对方愤怒之下摔门而去，你明明内心很担心对方，却在微信对话框里赌气地输入一句："你有本事就永远别回来！"

你明明很喜欢一个人，没事就翻看人家的朋友圈，真正见面的时候，却表现出一副高冷的姿态，仿佛在向对方表示："我对你毫无兴趣。"

你明知自己的某些行为伤了朋友的心，很想主动说一句"对不起"，结果脱口而出的却是："这件事的责任也不全在我啊！"

……

有没有觉得这些场景很熟悉？你是不是突然发现，原来真实地表达自己，真的不是一件简单的事情？

那么，为什么很多人无法真实地表达自己呢？

·· 3 ··

人是具有情感的社会性动物，我们之所以在关系中很难真实地表达自己，本质上是因为害怕被伤害。

为了避免被伤害，我们渐渐习惯了在人际沟通中玩一些自欺欺人的"游戏"。

（1）第一个游戏，叫作"高姿态"

关于"高姿态"，最具画面感的例子，大概就是我们平时看到的一些所谓高冷的"女神"或"男神"。他们在人际关系中习惯将自己放在高高在上的位置，给对方造成一种距离感和压迫感，努力营造让对方仰视的错觉。

但当你真的走近他们，你会发现他们"高姿态"的外表下，大多藏着一颗玻璃心：别人一句拒绝的话语、一个嘲讽的眼神，就足以击溃他们的内心。

"高姿态"的背后，实际上是内在自我的虚弱。当虚弱的内在不足以应对外部世界的恶意，他们就给自己套上了一个高冷的外罩，使别人"敬而远之"。这样一来，他们就可以暂时摆脱被拒绝、被嘲笑等人际关系中的痛苦体验了。

事实上，表现为"高姿态"的人，内心同样对健康的人际关系有着很强烈的渴望，只是碍于易破碎的内心，他们常常不敢表达自己真实的愿望。于是，他们只能在自己的世界里一直高冷着、孤独着。

（2）第二个游戏，叫作"你错了"

我们总能遇见这样的人：他们习惯在人际交往中指责、批评他人，先挑对方的毛病，然后给对方贴上一些负面标签。他们从来不会说自己有什么不妥，似乎在他们眼中永远都是别人在犯错。

他们或许也明白自己在人际关系中的行事不当之处，但出于维护"我是正确的"完美幻想，于是选择用指责、批评他人的方式掩盖自己的过错。

（3）第三个游戏，叫作"别废话"

"别废话"，多么耳熟的三个字！代表了一些人在面对冲突时习惯"见诸行动"。遇到冲突，他们不会心平气和地和对方沟通，而是直接通过某种激烈的行为方式表达自己的愤怒。比如，开会的时候，因为自己的意见没有被采纳，愤然离席；和朋友发生争执后，立刻将其微信拉黑……

为什么他们就不能好好说话，非要用激烈的行动来表达自己呢？因为他们在潜意识里害怕面对被拒绝、被抛弃的感受，所以直接通过行动避免这些感受真实地发生。

除了"见诸行动"，还有对他人的愤怒、指责，当然，这些负面情绪也会指向自己，最终伤人又伤己。

··· 4 ···

上面提到的这三种在人际沟通中常见的"游戏"，其实均为心理学中所说的"防御方式"。

通过这些防御方式，我们确实可以在一定程度上避免自己体验被拒绝、被抛弃的感受，但与此同时，这些防御方式也阻碍了我们真实地自我表达。

当我们内心的恐惧、渴望等情感被掩盖后，我们便很难和他人发生链接。

为了避免痛苦，我们给自己建造了一个"安全"的岛屿，退缩其中。可这意味着，我们的内心终究只会是荒芜一片的无人区，很难体验到生命被照亮的感受。

当我们卸下防御，选择真实地表达自己，表达自己的恐惧、渴望、向往——是的，我们可能会遭到拒绝和抛弃，体验到疼痛和哀伤，可是我们也做到了对自我的忠诚，终将赢得人生旅途上的无憾。

在任何关系的沟通中，再多的技巧，再多的花招，都不如真实地表达自己。

···5···

真实地表达自己吧！我不管你怎么想，我也不管你打算怎么应对我，我只负责忠于自己，表达自己最真挚的情感。

真实地表达自己，是一种"我干了，你随意"的豪情，意味着我们找回了面对自我的勇气和魄力。

真实，是具有穿透力的。

假如我们能够坦诚待人，对方即便拒绝拥抱，也会放下手中的刀枪剑戟，以你为镜，回看自身。

为什么有的人喜欢"口是心非"

小乐最近特别痛苦，因为刚刚结束了一段自己极其在乎的感情。

她感觉自己脑海里无时无刻不在浮现着那个男人的形象。看着手机里曾经那些亲密的聊天记录，她也会幻想，如果对方这时能回来找自己就好了。

也许你会好奇，既然心里放不下这段感情，小乐为什么不去主动联系一下对方呢？

在咨询室里，我也问了她这个问题。

小乐的回答是："我绝对不能主动联系他，主动就代表我输了啊！再说了，当初分手也是我先提出来的。"

看到这里，你也许会更加不解：她心里放不下对方，当初却主动结束关系；她一边朝思暮想，一边却死活不肯联系对方。小乐这不是自相矛盾、自己给自己制造痛苦吗？

没错，小乐的言语和行为与她内心真实的想法是截然相反的，这正是她痛苦的根源。

··· 2 ···

如果留心观察，你会发现，生活中习惯"口是心非"的大有人在。他们总是在各种场合说着"反话"：明明很喜欢一个人，嘴上却说着一些毫不在乎对方的话；明明内心十分气愤，却微笑着说"没事"；明明认为领导对自己的批评不合理，却依然连连点头称是……

他们为什么要说"反话"呢？为什么不能坦坦荡荡地表达内心真实的想法呢？

若把案例中的小乐当作一面镜子，相信很多人都能从她身上照见自己。

"口是心非"固然很痛苦，但相比之下，让他们表达自己内心真实的想法，显然是一件更要命的事情。

这种"口是心非"的表现，在心理学上被视为一种原始的心理防御机制。这种防御机制就叫"否认"。它是指在某些创伤情境下，一个人选择扭曲自己内心的真实想法、情感，从而逃避心理上的痛苦，或选择对不愉快的事件进行"否定"，当作它没有发生过，以获取短暂的安慰。

总之，很多人之所以违背自己的内心，说一些假话，只是为了保护自己，不让别人看见真实的自己。对于他们而言，展现真实的自己不仅是困难的，更是危险的。

··· 3 ···

前文案例中的小乐，对于自己痛苦的根源是很清楚的，她能够意识到自己的"口是心非"。

还有一些人，嘴里常常说着"反话"，自己却浑然不觉。

来访者阿金，一位30多岁的男性，他找我进行咨询的原因，是发现自己常常做什么事都缺乏热情，严重的时候甚至忍不住进行自我攻击，觉得自己一无是处。

在回顾自己原生家庭的时候，阿金首先很肯定地表示，他和父母的关系非常好。

然而，在他详细介绍自己童年经历的时候，我看到的却是一幅幅充满了暴力的画面。

阿金平静地讲述着自己多次被母亲批评、打骂、责罚的往事。当我问起他对过往这些经历做何感想时，他回答："我非常理解母亲的良苦用心，她也不容易。"

随后阿金再次向我表示，他很爱很爱自己的母亲。

··· 4 ···

我毫不怀疑阿金对母亲的爱。但是，我也不相信阿金在遭到母亲的打骂和责罚时内心会没有恨意。

他只是选择了压抑自己的恨，因为他知道母亲养育他付出了很多心血，所以他对母亲只能是爱而不该是恨。

阿金的这种行为属于另外一种心理防御机制，叫"反向形成"。他将内心的真实感受转向反面的方式进行表达，用过度表达的爱掩饰自己内心的恨。

这种防御机制在启动的时候，当事人往往是无意识的。也就是说，他们很难意识到自己已经违背了内心的真实感受。

对于阿金来说，他对母亲的那些愤怒和恨意一直被积压在他的潜意识里。这就意味着，那个不断责骂和惩罚他的母亲的形象从未消失，所以即便母亲已经不再惩罚他了，他也依然无法停止自我攻击。

··· 5 ···

有一次和一个朋友聚会，她不无感慨地说："在沟通方面，我们真的该学学孩子。"

她对我讲，有一次她在家辅导孩子做作业，自己不时地玩会儿手机。

孩子突然抬头说道："妈妈，你看着我，别总是玩手机。"

朋友说，在那一刻她突然受到了很大的触动。孩子希望父母多关注自己，通常会直接用语言表达出来，而且表达得那么自然、真诚。

　　作为成年人，我们在表达自己需求的时候，却总是自设重重阻碍，无法做到"一致性沟通"。

　　什么叫"一致性沟通"？它是指我们在与别人进行沟通的时候，传递的信息与自己内在的感受是一致的。

　　表达时做到"一致性沟通"，我们就能更好地建立与真实的自我、他人以及情境之间的和谐关系。所以，请别再用"口是心非"的方式来掩藏真实的自己了，坦诚地面对自己的渴望，然后像个孩子一样，理直气壮地把它说出来。

你的前任我的伤：如何克服回溯型嫉妒

··· 1 ···

杰夫和妻子凯特的45周年结婚纪念日即将到来，而此时杰夫收到一封来信，信中提到，他50年前在阿尔卑斯山意外丧生的女友的遗体被找到了。

这封信的出现，让两个人原本和谐美满的婚姻开始变得暗流涌动。

杰夫和凯特聊起当年女友丧生的事情，虽然说得很平静，但凯特明显感觉到了杰夫对前女友的在意。

而且，在聊天的过程中，她惊讶地发现，杰夫前女友出事的那一年，正好是自己的母亲故去的同一年。两人前后经历了各自人生中如此重大的变故，可在45年的婚姻里，他们却从没向对方提起过！

想到这里，凯特心里很不是滋味：两个至亲至爱的人，竟然从来没有和对方分享过自己内心的伤痛，这份45年的爱是真的吗？

凯特一直觉得，自己的婚姻还算幸福。可是当这些秘密逐渐浮出水面，她发现，自己并不了解眼前的爱人。而这份不了解，随着杰夫表现出的一系列异常行为，变得更加明确：本来说好参加朋友聚会，他突然决定不去了；和自己做爱结束后，他居然半夜偷偷跑到小阁楼里，回忆往昔；不愿早起陪自己遛狗，他却一个人跑到旅行社询问去瑞士的行程，只为看一眼前女友的遗体。

杰夫的种种变化，让凯特滋生出一种难以言说的情绪。她一边质疑现在的婚姻，一边疯狂地嫉妒丈夫死去的前女友……

以上情节，出现在电影《45周年》里。

···2···

很多人表示，他们在这部电影中看到了自身的处境。

确实，有的伴侣总是因为某一方的前任而引发无休止的争吵。细究起来，争吵的原因大多是嫉妒。

嫉妒伴侣的前任，在心理学上叫作"回溯型嫉妒"。

人为什么会产生嫉妒心理呢？

我们在小时候都有过类似的体验：如果母亲当着自己的面去抱其他小孩儿，自己就会十分嫉妒。之所以会产生这样的心理，是因为对于小时候的我们来说，母亲意味着全世界，我们所有的安全感都来自和母亲的关系。我们内心渴望成为母亲生命中最重要的那个人，否则就会觉得受到了威胁，失去归属感、安全感，这就是心理学中所说的"母婴依恋关系"。

我们一生都在寻求这种依恋，而伴侣关系可以看作母婴关系的一种延续。因此，就像小时候渴望母亲的爱一样，我们渴望自己能够成为伴侣生命中最重要的人，和对方建立深刻的链接，从而让自己找到新的归属感。

于是，一旦伴侣表现出对前任的怀念，我们就会产生这样的想法："我不是你生命中最重要的那个人。"

··· 3 ···

电影中，凯特在自家的阁楼里，找到了丈夫和他前女友过往的记录。

杰夫珍藏的日记本里，记录着他和前女友恋爱的点滴。杰夫还保存了一部幻灯片影集，里面都是前女友的照片。其中一张，凯特看完后整个人都僵住了：照片中，丈夫的前女友赫然挺着孕肚！而这些事情杰夫从来没有向自己透露过。

阁楼上的这些发现，让凯特深深地怀疑，自己经营了45年的婚姻，到底是不是一个谎言？她联系自己的现实处境，越来越多的猜疑和联想接踵而至，以至于让自己陷入了"回溯型嫉妒"的泥潭。

一般而言，回溯型嫉妒可以分为两种情况。

一种情况是自身通过联想创造出来的，与真相无关的嫉妒。比如有些喜欢小题大做的女生，她们的嫉妒情绪往往来自自己的"脑补"，一旦发现男友还有前任的微信，就会觉得在男友心里，一定是前任比自己更重要，只要对方提起前任，就觉得他对自己不忠。

另一种情况，是伴侣真的难以割舍前任，造成对方内心

的不安。就像电影《45周年》里的男主人公杰夫，他沉湎于
那段已逝的美好爱情，难以自拔，导致现在的妻子陷入羞愤
和嫉恨，从而深深地伤害了他们的婚姻关系。

··· 4 ···

生活中，如果"前任"确实影响了我们的亲密关系，
我们需要做的是，在和伴侣的沟通过程中表明自己的原则和
底线。

我曾在网上看到有位女性网友诉苦，说她老公放不下前
任，而自己一直默默隐忍着，承受了太多的委屈和愤恨，心
态接近崩溃。

前任是老公的初恋，在两人分手后没多久就病逝了。老
公觉得对方是单亲家庭的孩子，短暂的一生没有得到别人足
够的关爱，出于同情和缅怀，每年都会去给她扫墓。

在这个案例中，作为妻子，她可以明确地向老公指出，
自己对他给前任扫墓这件事非常介意，并且希望他今后停止
这样的行为。

我们不要害怕夫妻间可能引发的冲突。在表明自己的原则和底线之后，如果对方还是忘不掉前任，你就可以考虑同对方分手了。因为一味忍让的关系，要么无法长久，要么只会让自己忍出一身病。

··· 5 ···

当然，我相信生活中大多数人还是希望处理好和前任的关系，从而保护好自己的家庭的。

因此，在面对来自伴侣前任的"威胁"时，我们不妨选择以下这些做法，让亲密关系得以修复，甚至变得更加稳固。

首先，尝试以开放式的心态，和伴侣一起聊一聊他（她）的前任。

每个人的经历都参与了其自身的塑造。和伴侣聊他（她）的前任，实际上聊的是伴侣的经历，而这将帮助你进一步了解你的伴侣。

其次，做好当下的陪伴。

人对曾经错过的美好，普遍都有一种留恋。在理解了这一点之后，我们更要相信，和空虚的怀念比起来，当下的陪伴才是真实的人生，也更有意义。

弗洛姆在他著名的《爱的艺术》一书中写道：成熟的爱是，因为我爱你，所以我需要你；而不成熟的爱是，因为我需要你，所以我爱你。

成熟的爱是接纳，包括接纳对方的过往。

当我们真正用"爱"，而不是"占有"，去和伴侣链接的时候，我们便走出了回溯型嫉妒的泥潭。

为什么你总是觉得别人"话里有话"

生活中有这样一类人：他们总能在别人的表达里听出"影射"自己的言外之意。

比如，别人说自己童年多么多么幸福，他们会觉得对方是在嘲笑自己有一个糟糕的原生家庭；别人说喜欢每天下班去做瑜伽，他们会觉得对方是在指责自己不够自律；别人夸赞某某善解人意，他们会觉得对方意在批评自己共情能力不足……

为什么这些人总是觉得别人"话里有话"呢？

···2···

来访者小叶，每周都会在固定时间找我咨询一次。上次咨询中，小叶和我提及她和婆婆之间发生的冲突。

一天晚上，小叶去厨房拿东西，因为没开灯，不小心将盐盒打翻在地。原本很小的一件事，小叶也不以为意，把地板收拾干净后就回屋睡觉了。过了一会儿，小叶的丈夫起身去卫生间，也没有开灯，这时另外一个屋里传来婆婆的声音："怎么不开灯啊？小心别把自己磕着了。"

婆婆的这句话触动了小叶的神经，她认为婆婆话里有话，是在指责自己打碎了盐盒。因为按捺不住内心的愤怒，小叶冲出去就和婆婆吵了起来……

咨询的过程中，小叶一直重复说："我又不是故意要打碎盐盒的，她凭什么说我？"

小叶的这份愤怒对我来说并不陌生，不仅仅是对自己的婆婆，在之前数次的咨询中，她都表达过类似的愤怒——对领导、对同事、对朋友、对丈夫。

比如，领导给她一些工作上的建议，她觉得领导是在表达对自己的轻视；朋友推荐好的心理学书籍给她，她觉得对方是在嘲笑自己有心理疾病。

　　愤怒的背后是恐惧。当小叶在我面前怒气滔天的时候，我知道，她内心的小女孩正蜷缩在一角，对自己的不被接纳有着深深的恐惧。

··· 3 ···

　　在心理学上，小叶这种总是觉得别人"话里有话"的表现，叫作"防御性倾听"。

　　很多人在接收信息的时候，首先会在内心树起一道屏障，防御来自他人的攻击，以保护自己不受伤害。换句话说，他们在和别人沟通的过程中，容易偏离沟通的内容本身，习惯从对方的言语中搜寻"恶意"。

　　习惯防御性倾听的人，在回应别人的时候，往往在开口之前便有了一番异常丰富的心理活动：

　　"你这哪里是在说别人？分明就是在影射我！"

　　"你凭什么指桑骂槐？"

　　"你是在故意挑衅我吗？"

一连串的心理活动之后，只等对方话音一落，他们就急着去发动攻击，结果搞得对方一头雾水：我完全没有这个意思啊！

··· 4 ···

习惯防御性倾听的人，在与人沟通的过程中，总是不自觉地自导自演一场受迫害的苦情戏。

究其原因，在于他们在成长的过程中早已习惯了自我攻击，被"我不够好"的信念牢牢捆绑住了。一旦从外界捕捉到疑似对自己的批评、否定或质疑，他们就会立刻变得风声鹤唳。这些子虚乌有的信息，唤醒了他们内在消极的核心信念，以为全世界都在挑剔自己、嫌弃自己。于是，他们选择用防御的姿态来确保自己的安全。

遗憾的是，这种防御不仅让他们受困于各种各样的负面情绪，还总在不经意间对他们和别人的关系造成巨大伤害，从而影响了他们自身的心理健康和个人发展。

事实上，每个人都有表达自己的权利。

习惯防御性倾听的人必须明白一点，在与人沟通的过程中，如果发现自己无法认同别人的观点，或者别人对你的观点提出质疑，都不能说明别人对你的全面否定，而只意味着你们针对某一具体问题理解不同罢了。

你要试着卸下自己的防御，平静、温和地和对方进行沟通。

假如领导对你说："这件事，你和小郭一起完成吧。"

这时候，如果你选择防御性倾听，就容易将领导的意思曲解为：自己工作能力不够，需要小郭帮忙。

请务必擦掉自己"脑补"出来的画面，然后可以这样回答他："领导，我觉得我自己一个人也可以完成，您能让我试试吗？"

··· 5 ···

习惯自我攻击的人，本质上是不相信任何人的，所以才会把全世界都树为自己的"假想敌"。

因此，他们要改变自己防御性倾听的状态，最重要的就是要学会相信别人，相信别人并不想伤害自己，相信别人对自己没有那么大的偏见，相信别人也看到了自己的优点。

　　这个世界并非如你假想的那样不怀好意，就像美剧《破产姐妹》里那句台词说的一样："有时候你以为天要塌下来了，其实是你自己站歪了。"

让你受困的不是冷暴力，而是心智化不足

··· 1 ···

一位读者向我提问："最近在和老公冷战，我一直受坏情绪牵引，如何才能走出困局？"

这位读者的问题反映了当下很多人的境遇，就是在两性关系中遭遇了冷暴力，从而被各种负面情绪搞得筋疲力尽、绝望至极。

事实上，让很多人受困的并非冷战本身，他们沉浸在负面情绪中的真正原因是心智化不足。

··· 2 ···

所谓"冷战"，就是指"有话不能好好说"，它的本质是回避语言沟通。

那么，一个人为什么要发起冷战呢？

用精神分析理论来解释，一个习惯发起冷战的人，他的心理年龄可能还停留在口欲期，也就是0～1岁的阶段。

在口欲期阶段，如果孩子的需求没有得到母亲及时的回馈，就会产生一系列的负面情绪：愤怒、难过、委屈等。但由于不会使用语言，所以孩子只能用身体来表达。长此以往，其心理年龄就会滞留在口欲期，即便长大后，他在语言沟通方面也会存在很多障碍。他不善于表达内心的情感，总是希望自己什么都不用说，对方也能够懂自己。

当然，现实状况往往要比理论复杂得多，简单一个"口欲期"的归因，并不能解释所有的冷暴力现象。比如，有些人在社交中很擅长沟通，偏偏只对自己的另一半施加冷暴力。

那么，冷暴力到底是怎么回事？

··· 3 ···

冷暴力，其实是一种表达的方式。

大多数冷暴力所表达的内容，无非以下三种：

（1）表达回避

小时候总是遭受父母批评的孩子，长大后更害怕承认"我错了"。每当外界有类似指责自己的信息出现，他们就会选择以沉默、漠视或疏远的方式进行回避。

还有一种情况，有些人由于在早年没有和养育者建立良好的依恋关系，导致极端缺乏安全感。对于他们而言，"爱"往往意味着"被伤害"。于是在长大后的亲密关系里，他们习惯了用冷暴力的方式和对方沟通，以此回避内在的心理创伤。

（2）表达惩罚

除了表达回避，还有的人喜欢用冷暴力的方式表达惩罚。

他们的潜台词是：你惹我不高兴了，我现在要用不理你的方式来惩罚你。自恋型人格障碍者便是这类人中的典型代表。

自恋型人格障碍者总是以自我为中心，缺乏一定的同理心。在他们看来，除了自己，外界所有人都是工具一般的存在，为的就是满足他们的自恋心理。他们使用冷暴力，本质是其自恋的表达。

顺便提一句，遭遇自恋型人格障碍者的冷暴力，很多人会忍不住反思"我哪里做错了"，这是缺乏边界意识的表现。一个边界感不清晰、核心自我不够强大的人，很容易被他人操控。

（3）表达拒绝

还有一些人，会用冷暴力的方式表达拒绝，比如不回复信息、不正面沟通等。

在亲密关系中，施加冷暴力的一方，很多时候是在用冷暴力向对方表示某种意思，如"我不喜欢你了""我不想和你在一起""别来烦我"，等等。

面对这种表达拒绝的冷暴力，很多人会囿于"未完成情结"而不断和对方纠缠，深受精神上的折磨。

··· 4 ···

遭遇冷暴力的人，能否走出困境，很多时候取决于其自身的心智化水平。

何为"心智化"？简单讲，"心智化"就是理解自己和他人行为背后的心理状态的能力。

面对冷暴力，一个心智化水平高的人会进行理智的思考：

"对方为什么要和自己冷战？"

"问题的关键到底是什么？"

"对方有什么样的情绪？"

"自己是否也有哪些地方做得不对？"

……

思考之余，他再去寻找能够切实解决问题的方法。

而心智化不足的人，在面对冷暴力的时候，总是轻易地让自己卷入负面情绪里。他们的内心充满了委屈、愤恨及不解：

"你让我觉得自己很糟糕！"

"你为什么要这样对我？"

"你一定是不爱我了！"

……

这些感受让他们忘记了审视问题的真相，反而唤起了他们内心深处的恐惧。为了保护自己，他们就会去指责、攻击对方，从而进一步加剧冷战。

··· 5 ···

我们若想从冷暴力中脱困，就需要提高自己的心智化水平。

当然，这件事不可能一蹴而就，而是需要你尝试从小处着手，做出改变，一点点提高。

如果下次遭遇冷暴力，你不妨按照以下几个方法调整自己。

首先，让自己冷静下来。真正让你陷入负面情绪的不是对方，而是你内心那个"我不够好"的消极信念，对方的冷暴力只是触碰这一信念的"开关"。一味地向对方发起攻击，最终只会搞得两败俱伤。记住，你需要做的不是发飙，而是深呼吸，让自己保持冷静，并进行自我暗示：对方的冷暴力无法伤害我。

其次，看见对方。冷暴力也是一种表达，不管它表达的内容是什么，这背后都藏着一个真实的人。你需要让自己的视线穿过冷暴力的表象，看见藏在后面的那个人，看见他的情绪、感受和需求。

需要强调的是，我并不倡导遭遇冷暴力的一方去无条件地理解和接纳对方，而是表明"看见对方"实在是一个人提升心智化水平的必要功课。当然，在看见对方的同时，你也需要看见自己——看见自己的真实需求。

最后，也是最重要的一点：以需求和目标为导向，你要不带情绪地同对方进行沟通。在看见彼此之后，想想自己到底要什么，这段关系是该继续维持，还是该果断放弃？围绕你自己的需求，平和沟通，再做出选择。

很多时候，让你饱受摧残的，恰恰是你对待冷暴力的态度，而非冷暴力本身。

提高了自己的心智化水平，冷暴力就再也无法伤害你。

5
PART

自我重塑

我赞赏那些在痛苦中激发勇气并实现绝地反击的人，他们是斗士；我也赞赏那些能够对人生难题说"算了吧"的人，他们是智者。

不畏困难固然可贵，我也认同每个人都需要"干吧"的勇气，但当遇到无解的难题时，还有比"算了吧"更好的解答方式吗？

拥有"普通力"，才能成为人生王者

···1···

一个天生跛足，智商只有75，被正常学校拒收，从小就被同龄人欺负的小男孩，将来会拥有怎样的人生？

按照一般人的想象，他可能拼尽全力，也只能很艰难地活下去。

事实上，这个男孩后来成为橄榄球明星、战争英雄、外交使者，甚至成为亿万富翁。

相信你已经猜到了，我说的这个男孩正是电影《阿甘正传》里的男主角阿甘。

第一次看《阿甘正传》的时候，我还在读大学，依稀记得当时看完后略感失望：一个跛脚小男孩不断奔跑的简单故事，为何会成为大家心中的经典？

直到十多年后，再回看这部电影，我才理解了简单故事里所蕴含的深意：我们每个人又何尝不是阿甘？大家带着各自天生的缺陷，经历着后天的种种磨难。只是，并非每个人最终都能活成阿甘的样子，因为不是每个人都能淡然地面对起伏的人生，都能利用自己的一技之长将人生推向高峰。

阿甘的成功，在于以平凡的自己创造了不平凡的人生。这种能力，我们称之为"普通力"。

··· 2 ···

智商只有75，小阿甘无疑属于低能儿。很多其他孩子都懂的问题，他却无法理解。到了上小学的年纪，因为他智商测试没通过，所以学校拒绝了他，并建议阿甘的母亲送他去专门为智力欠缺的孩子提供教育的特殊学校。

在这样的现实面前，换作其他父母，可能就选择妥协认命了，可阿甘的母亲据理力争，最终为儿子争取到了就读普通学校的资格。母亲从没放弃这个有缺陷的儿子，她常常对儿子说："你要记住，你和其他孩子没有任何不同。"

电影中的这段剧情，让我想起前几年的一则新闻。2017年，华东理工大学的毕业典礼上，先天失聪的高羽烨代表毕业生发言，她说："我是一名聋人，我的发音有点儿不标准，但我会努力说好每一个字，请大家谅解。"

高羽烨出生在一个父母都是聋哑人的家庭，从一出生就生活在一个无声的世界里，她也遗传了父母的基因。可奶奶并没有因此放弃自己的孙女，她拿着认字卡训练孙女开口说话，并坚持将她送到普通的幼儿园、小学接受教育。功夫不负有心人，这位聋哑女孩后来在全校艺术生中以文化课第一、专业课第二的优秀成绩考入华东理工大学。

··· 3 ···

就像阿甘的母亲从没放弃自己的儿子一样，高羽烨的奶奶也始终坚信自己的孙女"和其他孩子没有任何不同"。

我们每个人的一生，本质上都是寻求认同的过程。

　　无论是电影里的阿甘，还是现实中的聋哑女孩高羽烨，他们都在自己最亲近的人身上照见了"和别人没什么不同"的自己。这种照见，最终通过内化的方式，形成了他们关于自我的认同。

　　我们不妨试想一下，如果阿甘的母亲或者高羽烨的奶奶告诉孩子："你和其他人不一样，你是一个有缺陷的孩子。"孩子又将受到怎样的影响呢？

　　我想，他们可能一生都会带着自卑、羞怯的负面信念，早早便向艰难的人生缴械投降。

　　可是，当"你和其他孩子没有任何不同"的声音根植在他们内心深处的时候，他们就看见了更多的可能性：别人可以做到的事，我也可以。

　　很多时候，我们之所以会在残酷的生活面前一蹶不振，或许并不是因为困难本身太大，而是因为我们对自己缺乏一份内在的认同和笃定。

　　一旦"我不行""我不好"的信念成为我们人生的主宰，无须困难步步相逼，我们自己就会败下阵来。

　　那些在苦难面前应对从容的人，都拥有一种"普通力"，他们内在都有一个"我很好"的信念。这种"我很好"不是"我很完美"，而是对自身不完美的包容，是一种"即便我有缺陷，但我依然觉得自己可以"的自我认同。

正因拥有了这样的自我认同，他们在面对困难时才变得云淡风轻。

··· 4 ···

电影《阿甘正传》里，阿甘生命中还有另外一个极其重要的人，就是珍妮。

小时候，学校里其他孩子都不愿意和阿甘玩儿，只有珍妮主动和他交朋友，两个人一起度过了非常愉快的时光。

在被其他孩子欺负的时候，珍妮告诉阿甘："快跑！阿甘，快跑！"于是，阿甘不但逃脱了同学们的追赶，还彻底摆脱了双腿上的支架，仿佛获得了新生，从此成为一个可以自由奔跑且跑得最快的人。

珍妮教会了阿甘奔跑，也让阿甘体验到了被爱的感觉。此后的人生中，无论是在球场上，还是在战场上，阿甘总会想起珍妮的那句"快跑！阿甘，快跑！"，所以他总是不停地奔跑，不停地跨越人生中每一个危急关头。对于阿甘来说，尽管珍妮并没有时刻都与他在一起，但是在心灵上，她从未远离过自己。

电影中，珍妮从小经历不幸，在一个单亲家庭里长大，经常受到酗酒的父亲的打骂。长大后的珍妮，无法像其他女孩一样，坚定地相信自己值得被爱，所以她一次又一次地拒绝阿甘。

直到后来，受过多次伤害的珍妮终于回到了阿甘身边。不过，一夜之后，她便选择了离开阿甘。

珍妮这一次的离开，让阿甘深陷于痛苦和迷茫。于是，他跟从自己的痛苦和迷茫，开始了漫长的奔跑。

他跑出家门，跑上街头，跑过了山海，跑遍了美国……三年的时间，除了跑步就是吃饭和睡觉。就这样，他又多了一个被各大媒体争相报道的新身份：跑步达人。

直到有一天，他突然停下来，说道："我真的很累了，我要回家了。"当他说出这句话的时候，因珍妮离开而带给他的痛苦，也都消解了。

··· 5 ···

在一生中，每个人都会有痛苦和迷茫的时候，也许是突然失业，也许是被深爱的人背叛，也许是孩子上不了好的学校，也许是某个重要的人突然离开。在那些人生的至暗时刻，我们就像失去珍妮的阿甘那样，突然不知道自己该怎么办才好。

不过，和选择奔跑的阿甘相比，我们大多数人在陷入焦虑、抑郁的负面情绪中时，总是试图给这些问题寻找一个确定性的答案，并执着于改变它。

可生活中有很多事情本就无法改变，我们要做的只能是接受它的存在，比如接受某人就是不喜欢你，接受付出努力不一定能够成功，接受孩子就是不爱学习，接受生老病死谁都无法掌控……

很多问题没有答案，很多事情无法改变。而是否能够与这个世界的不确定性共舞，取决于一个人是否拥有"普通力"。

"普通力"是一种"那就这样吧"的高级智慧。"那就这样吧"不是什么也不做，而是在付出努力之后，接纳事情本来的样子，与自己达成和解。

追求确定性是人的一种本能，因为确定性可以提供安全感和掌控感。可这个世界恰恰充满了太多的不确定性，这就需要我们修炼好"那就这样吧"的智慧，去面对每一个没有答案的问题。

··· 6 ···

如何培养"普通力"？像阿甘一样，专注于当下。

虽然智商有缺陷，但阿甘参军后深受长官喜欢。原因无他——无论是整理床铺，还是拆卸、安装武器，阿甘在每一件事情上总能率先完成。

显然，他凭借的不是智力，而是做事的专注力。因为能将注意力高度集中于当下，所以阿甘做事的效率比其他人都要高。

再看我们自己，那些常常令我们焦虑不安的都是些什么事呢？

我们担心说错话惹领导不高兴，担心35岁后被公司淘汰，担心孩子成绩不好影响未来发展……当我们的注意力被瓜分时，我们便无法专注于当下真正应该关心的、更重要的事情。

德国作家埃克哈特·托利在其《当下的力量》一书中，提出了一个叫作"向思维认同"的概念。当一件事情发生的时候，我们会根据经验或者思维习惯给事情做一个预判，然后让事情朝自己预判的方向发生。

也就是说，我们之所以常常感到焦虑不安，无法像阿甘一样在困难面前从容不迫，就是因为我们习惯认同自己的经验，习惯对未完成的事情做出预判，从而无法做到专注于当下。

那些能从容过活的人，很少预判明天，因为他们深知明天不可知，人生是由无数个当下构成的，所以他们能够专注于每一个当下，用力做好那些自己能够做到的事，而那些无法改变的事情，"那就这样吧"，只需坦然接受，无须较劲。

··· 7 ···

我们常常说，要做一个内心强大的人。

但什么是强大？老虎的凶猛是强大，可老虎也无法抵御猎人的猎枪。

真正的强大应该像空气一样，无色无味，无形无相，却无所不包——这大概就是"普通力"的本色。

拥有"普通力"的人，不会被任何困难打倒。阿甘的先天缺陷，无法掣肘他人生之花的绽放。凭借自己的"普通力"，他活出了不平凡的人生。

电影《阿甘正传》让我想起英国经典小说《鲁滨孙漂流记》。

有读者称鲁滨孙这样的人为"生活者"——他们身上永远有一种安稳、从容的气质，就算流落到荒岛无人区，也能在毒蛇猛兽出没的丛林里找到自己的生活节奏。

每一个拥有"普通力"的人，才是生活里真正的王者。

放下"应该"，才是自由

前些天和一位朋友聊天，尽管他没有直接表明自己的状态有多糟糕，但我还是能够从言语之间体察到他的不如意。

这位朋友是个聪明人，非常清楚自身的诸多不悦所来何处。只不过他觉得自己没有力量去改变，或者说没有意愿去改变。

一边是内心的痛苦，一边是主观意志上的退却，这样的处境将他推进了痛苦的漩涡。

朋友试图给自己找各种理由去接受这种状态，比如他会对自己说：

"我应该这样做，才能证明我是一个有责任感的人。"

"我不应该那样做，否则会给我带来很大的损失。"

所有这些"理由"，都能成为他接受现状的"论据"。

遗憾的是，尽管找了那么多"理由"去说服自己，他依旧不快乐。

··· 2 ···

在日常的咨询工作中，我经常听到不同来访者发出类似的声音：

"我内心应该更加强大一些。"

"我不能够允许自己犯错。"

"我应该做一个完美的妈妈。"

······

他们都在努力让自己成为那个"应该"的样子，却一次次败在残酷的现实面前："我明明很努力了啊，为什么还是做不到？"

面对这样的来访者，我都会问他们一个问题："是谁要求你应该如何如何呢？"

这时候他们常常一脸懵懂，然后回复道："是我自己要求自己的，人得要求自己变得更好，这有错吗？"

是啊，变得强大、变得优秀、变得完美，这些对于自我的要求看起来再正常不过了，难道会有什么问题吗？

没错，这些都是积极的、正向的自我期待，可为什么在实现这些期待的过程中，你体验到的不是快乐，而是痛苦？

事实上，在这个世界上，很多东西都会欺骗你，语言会欺骗你，认知会欺骗你，思维也会欺骗你，哪怕真理也有可能被推翻、被证伪，可唯独有一样东西不会欺骗你，那就是你的感受。

··· 3 ···

最近有位来访者在人际关系上出了一些问题，来找我求助。

她的问题是：因为性子急，常常在沟通中表现得很强势，容易出口伤人，甚至引发口角和冲突，导致身边的同事们都渐渐疏远了她。

当我问她为什么一定要用强硬的态度去面对自己的同事时，她回答道："我应该做一个强大的人，这没什么错啊！"

每一个看起来强悍、"不好惹"的人，其实内心都有别人看不见的脆弱的一面。

我的这位来访者对自己的要求和期待是"做一个强大的人"。但在咨询的过程中，我了解到，这实际上是从小到大父母对她的"要求"。正是这种"要求"，剥夺了她"允许自己脆弱""渴望变得柔软"的权利和愿望。

除了父母的期待，一些来自社会的"价值要求"，也常常让我们忽视自己内在的真实需求。

我们所处的社会，似乎也在倡导所谓的"丛林法则"，仿佛强大就是对的，弱小就是错的，可"丛林法则"完全忽视了人有别于动物的特性：人有感情、有自己的心理需求。我们即便做到了外在的"强大"，也并不能消除内在的脆弱，若一味地按照外界的"要求"处事，就会加剧自己内在的冲突。

···4···

期待自己成为某个模样，这原本没有问题。问题在于，这个期待到底是你自己的本心，还是外界强加给你的？

教你一个鉴别"期待"的方法：对于实现某件事的动机，如果你觉得是"应该"，而不是"我想"，那么你的"期待"很可能就是外界套在你身上的枷锁，而非你内心真实的渴望。

相反，你只有真诚地接近自己的内心，从"我想"出发，才能找回自由、快乐的状态。

有一篇关于"微信之父"张小龙的报道，文中记录了张小龙很多"我行我素"的事例，比如不参加腾讯早会，不喜欢社交，对某位来腾讯视察的大人物避而不见，沉迷于打高尔夫球，等等，文字间满溢着作者对张小龙"我行我素"的极高赞赏。

抛开对成功人物"神话"的因素，假若真实的张小龙真如文中所述，那么我想他一定是一个快乐的人，因为他的行为没有被太多的"我应该"所绑架，而是充分遵循了自己内心的意愿。

做自己内在感受的虔诚信徒，是一个人最重要的快乐来源。

"新欢"不是人生困境的解药

··· 1 ···

每个人也许都有过类似的体验：

突然发觉自己的人生仿佛走进了一条黑暗、逼仄的死胡同，看不见一丝光亮，找不到新的出路，它可能是一段充满争吵的婚姻，也可能是一份让人绝望的工作……

每当这时候，我们就会本能地想要寻求突破，比如尝试换个人，或者换个环境，以为这样就可以走出当下的人生困境，可到头来总是徒劳无功。

···2···

前几天，我看了伍迪·艾伦的一部电影——《遭遇陌生人》。这部电影讲述了一对老夫妻和他们的女儿遭遇的人生困境，以及他们尝试解决困境的过程。

70多岁的老父亲，突然忆起青春往事。"英雄"迟暮的现实，让他感到非常悲伤。于是他开始健身，还试图找一个年轻貌美的应召女郎，让自己重振雄风。

老太太逐渐感觉到老头儿对自己爱搭不理，后来甚至向自己提出了离婚，这让她内心颇为受伤，于是去找算命师算命，并深陷其中不可自拔。

女儿嫁给了一位作家，婚姻生活平淡如水，连房租都要靠母亲帮忙支付。她开始出去工作，并爱上了自己的老板，绝望的生活似乎有了一丝光亮。而她的作家丈夫，自从写出一部像样的作品后，才思枯竭。直到有一天，他透过窗户看到了一位性感的女孩。他约女孩共进午餐，并觉得自己找到了新的灵感缪斯……

看《遭遇陌生人》的时候，我脑海中浮现出了身边各种熟悉的人。

电影讲述的故事与我们真实的生活何其相似：有的朋友觉得每份工作都让自己绝望，于是不断跳槽；有朋友觉得婚姻生活乏味无趣，于是下载各种社交软件，希望遇到真正"对的人"；有的朋友已到中年依旧单身，突然开始相信星盘的力量……

新工作、新爱好、新的恋爱对象……我暂且将此通通称作"新欢"。

遇到人生困境，我们大多数人都习惯性地以为，逃向"新欢"就能解决问题。

··· 3 ···

我的一位来访者，在工作中常常感到特别痛苦。他觉得领导、同事都在针对他，各种脏活累活都甩给他干，为此他决定换一份工作。

我劝他："也许你可以等一段时间再看看。"他坚定地说："不行，实在没法再待下去了，我一定要辞职。"

没过多久，他就换了一份新工作。不出我所料，去新公司没多久，他就又想要换工作了。

我见过太多这样的人，他们辞职只是为了逃避工作中的挫败感。换一个新的环境，选择一个"新欢"，能给他们带来积极的自我暗示，让他们重获一种对人生的掌控感。

然而，遭遇困境后找"新欢"，只能暂时帮你摆脱内心的负面情绪，并不能真正解决问题。

就像电影《遭遇陌生人》中的几位主人公，他们最终也没有通过"新欢"真正解决自己的困境：老父亲因为应召女郎花钱大手大脚，陷入了财务危机；老太太将意识和身体全部托付给算命师，唯命是从，导致自己在人生暮年彻底丧失了自我；女儿莎莉，在发现老板居然和自己的好朋友约会后，豪门梦碎；而那个找到新的灵感缪斯的作家丈夫，依然写不出新东西，不得已剽窃了朋友的作品。

··· 4 ···

"新欢"不但没有成为他们人生困境的解药，反而给他们带来了各种各样新的麻烦。究其原因，寻找"新欢"看上去是在努力解决问题，其实不过是一种逃避。

（1）寻找"新欢"，只为满足外界的某些期待

我的一位女性朋友，曾经为了能在30岁前把自己嫁出去，拼命相亲。后来她总算如愿以偿，可婚姻只维持了两年就草草收场。

前些天见面，她感慨自己当初真傻，那时候只是因为亲戚朋友一个劲儿地催婚，加上自己所在的圈子有一种论调，认为女人30岁前一定得结婚，于是她就选择了盲从。现在想来，结婚这么重要的事情，怎么能有半点含糊呢？

人是一种天然具有社交属性的动物，渴望被认同是我们每个人的基本需求。

有时候，我们只是为了满足外界的期待，便引发了内心的认同焦虑，为了平复这种焦虑，寻找"新欢"是最省力的一种方式。但也恰恰因为我们所找到的并非我们真正想要的"新欢"，反而给我们带来了更大的麻烦。

就像我这位朋友，一心想要在30岁前把自己嫁出去，火速结了婚。可遗憾的是，婚离得也火速，为了满足外界的期待，最终让自己付出了巨大的代价。

（2）寻找"新欢"，借此回避自己的无力感

人生中有很多问题，是我们无法回避的，比如生命的老去，和相爱的人分离，付出努力却没有得到回报，等等。这些残酷的事实，都让我们体验到自身的渺小和无力。

电影中那个70多岁的老父亲，之所以不愿承认自己老了，本质上就是在回避自己人生的无力感和失控感。事实上，不管他愿不愿意承认，他都老了，应召女郎不会让他逆龄生长，除了接受老去的事实，其他任何努力都不过是逃避而已。

···5···

需要说明的是，我并不认为所有逃避都是不可取的。

比如有的人离职的原因是和领导工作理念不合，经过充分的沟通后，确认彼此在价值取向上存在不可调和的矛盾。这种情况，"换个环境"自然是更好的选择。

那么，在什么样的情况下，"换个环境"并不能解决问题，最终还是要回归自我呢？

以下这种情况，可能需要你慎重考虑：发现周围的人都能和谐相处，只有自己是个另类。

这并不是说我们不能有自己的个性，或者我们一定要与他人保持一致，而是要求我们培养一种开放的、平和的社交态度。如果你做不到这一点，就算"换个环境"，也不能让你变得更愉悦。

就像前面讲到的那位急于换工作的来访者一样，工作中遇到困境，并没有从自己身上找问题，而是习惯将其归因于环境，并寄希望于换个环境就能改变人生，结果让自己陷入了一个恶性循环。

原生家庭最大的诅咒

在大多数人的印象中，演员郝蕾一直都是一个独立女性的形象，看起来有一种男孩子气，干练、坚韧、气场十足。其实这一切都和她的原生家庭有关。

许知远主持的访谈节目《十三邀》，有一期节目请的嘉宾是郝蕾。

郝蕾在节目中透露，自己出生在一个重男轻女的家庭，从小就背负着"必须是个男孩"的信念。因为爷爷去世得早，作为家中长子的父亲一心想要生儿子，却没能如愿，生下了一个女儿。

于是，在成长的过程中，郝蕾一直被当作男孩来养，小小年纪就离家闯荡，从来没让家里操过心。

谈到自己的原生家庭，谈到自己和父母的关系，郝蕾数次哽咽、落泪。因为"必须是个男孩"，因为无人可以依赖，她只能被迫选择坚强和独立。

现实生活中，有太多的女性和郝蕾一样，从小背负着"必须是个男孩"的信念。在我看来，这个信念是来自原生家庭最大的诅咒。

··· 2 ···

我的一位来访者小边，是个二十七八岁的姑娘。她最初找我做咨询的原因，是觉得自己找不到生活的意义——她怀疑自己抑郁了。

小边是一名乡镇公务员，工作稳定，人长得很漂亮。按照一般人的设想，这样的女孩子应该生活得不错，但她说自己常常感到莫名的绝望，做什么事都没有动力，包括谈恋爱，她也觉得没什么意思。

随着咨询的进展，隐藏在水面之下的冰山开始一点点地浮现出来。

小边在家里排行老二，上面有一个哥哥，比自己大三岁。本来是两个孩子中更小的那个，可别提偏爱，就连父母平等的关爱和照顾，小边从小到大也没体验过。相反，她永远是那个被忽视的孩子：家里有什么好吃的，父母从来都是留给哥哥；自己过年没有新衣服穿，而哥哥不光有新衣服，还有各种新奇的玩具；长大一些后，身边的同学都有了属于自己的自行车，父母却只给哥哥买了一辆……

来自父母的这种不公正对待，并没有停留在童年，即使到了现在，已经快30岁的小边，每个月依然要把工资的一半交给家里，因为父母要求自己"给哥哥攒钱娶媳妇"。

有时候，小边也不明白自己为什么被要求一直让着哥哥，但是每当听到父母说"因为你是女孩"的时候，她似乎觉得所有的忍让也都理所应当。

正是这份"理所应当"，让她不抱怨父母，也不抱怨哥哥，反而埋怨自己："为什么我偏偏是个女孩儿？为什么我不能是个男孩儿？"

··· 3 ···

事实上，小边的故事绝非个案。

在无数重男轻女的家庭中，女孩们正在承受着和小边类似的问题，甚至更为苛刻的命运。

她们有的不被给予任何期待，仿佛人生只有一个使命，那就是嫁人生子；有的不被允许读书，从小就被灌输"女孩上学没什么用"的观念；有的甚至完全被视作家庭劳力，努力赚钱只为贴补自己的哥哥或弟弟……而这一切，都只因为她们是女孩。

"因为你是女孩"——这一残酷的诅咒，像一把沉重的枷锁，锁住了无数女孩的生命力。

在咨询室里，当小边和我历数自己如何忍让哥哥，以及父母如何偏爱哥哥的时候，她说："我们那儿的风俗就这样，所以我一点儿也不恨他们。"可同时，我看见眼泪正顺着她的脸颊止不住地流了下来。

理智告诉自己不该怨恨，可内心的那些委屈、那些难过、那些因不被父母重视而产生的伤痛，又该如何安放？小边们只能自己扛着。这些积压在内心深处的痛苦情绪，最终都会逐渐沉淀在她们的人格里，并持续发酵，给她们日后漫长的人生铺上一层灰暗的底色。

···4···

这些被原生家庭诅咒过的女孩，从小习惯了被忽略、被区别对待，她们看着男孩们被父母视作珍宝，而自己却如草芥。

这样的成长体验，会使她们产生极度的低价值感。她们因为没有被爱滋养过，内心渐渐地冰封、干涸、枯萎，从此暗淡无光地活下去。这就是小边觉得自己做什么事都没有动力的深层原因。

当然，也有一部分女孩不信命、不服输，她们勇敢地反抗，最终通过不懈的努力，在事业上取得了优秀的成绩。

然而，再优秀也改变不了自己是女孩的事实，只要原生家庭的诅咒没有被破除，她们还是无法真正认同自我价值。

因为自我价值被剥夺，很多女孩在潜意识里不认同自己的女性特质。她们内心渴望"成为一个男孩"，于是选择对自我的女性特质进行"阉割"：只会坚强，不懂示弱；爱好竞争，不善合作。这种"雄性竞争"的性格特质，常常让她们在亲密关系中饱受伤害。

她们渴望爱又害怕爱；她们想寻求依恋，却处处与人竞争……为了处理内在的分裂和冲突，她们耗费了大量的心力，导致缺乏更多的精力去建设自己的未来。

··· 5 ···

尽管原生家庭给每个人写下了各种各样不同的剧本，但总有人能够打破禁锢，重新书写自己的人生。

对于那些活在"重男轻女"剧本中的女孩，她们又该如何改变，才能点亮自己的人生呢？

首先，认同自己的价值。她们必须明白，从出生那一刻起，自己就一直在被父母灌输错误的观念。女孩有权利拒绝外界对自己的定义，更有权利进行自我定义。一个女孩只有意识到性别无法决定自己的价值，才可以真正自由地面对生活。

其次，允许自己脆弱，并学会示弱。脆弱是人类共有的特质，但当"女孩"这个身份成为自己被诅咒的原因，很多女孩就会小心翼翼地藏好自己的脆弱，尽力去呈现自己的坚强。殊不知，她们越是故作坚强，内心越是千疮百孔。她们要想改写自己的人生剧本，就应该允许自己脆弱，并且学会示弱。只有这样，原生家庭带给她们的创伤才有可能真正地被疗愈。

再次，勇敢地追求自我实现。她们要用超越性别的视角，去发现自己作为人的价值，想明白自己真正想成为一个什么样的人，勇敢地向目标进发。

愿所有被原生家庭诅咒过的女孩，最终都能活出不被性别限制的人生。

接受失望，是人生的必修课

闺密有一个儿子，刚读小学。

有一次我们聚会，她略显焦虑地说，儿子对于写作业这件事很抗拒，老师为此和她沟通过好几次。当她和儿子沟通的时候，儿子对于自己无法按时完成作业总是表现得很淡定。

闺密问我："如果你是我，你会怎么办呢？"

我说："我大概会很正式地和他谈谈，告诉他不完成作业的后果。如果他觉得自己能够承担，那就随他去吧。"

闺密儿子的事还没完，她女儿那边又出状况了。

闺密发现自己刚满4岁的小女儿，开始表现出一种不明来由的自卑：老说自己长得丑，没有其他小朋友好看；不想下楼和小区里的其他小朋友玩儿，总说别人不喜欢自己。

我这位闺密也是一名心理咨询师，她仔细反思自己抚养和教育孩子的方式，觉得自己一直很注重对女儿的情感满足，那女儿这莫名其妙的自卑究竟是怎么回事呢？

闺密找我一起分析，我们想来想去，最后认为孩子应该是天性如此。

无论是儿子抗拒写作业，还是女儿莫名其妙的自卑，显然都不是让人欢喜的事情。如果换作其他很多母亲，可能会表现得极度焦虑，并想各种方法去纠正孩子。

但闺密很快就接受了现状："那就这样吧，还能怎么办呢？"

从事心理类工作的人，很容易养成一种人格特质：什么事都比较容易接纳。他们无论是对待生活，还是对待人际关系，都多了一份宽容，少了一份志在必得的执着。

··· 2 ···

老话讲，人生不如意事，十之八九。

但在现实生活中，当"不如意"来临的时候，并不是每个人都能像我那位闺密一样坦然面对。

前几天接受了一位来访者的咨询，咨询一开始她就感慨道："杨老师，我终于理解了你以前和我说的一句话，'如果自己不成长、不改变，走到哪里，境遇都是一样的'。"

这位来访者之前在一家公司上班，因为处理不好人际关系，整天十分痛苦，在决定是否换工作的时候她询问过我的意见，我就和她说了上面那句话。

不过，她当时还是觉得问题不在自身，而是自己正好很不幸地遇到了一帮难以合作的同事。最终她还是按照自己的意愿辞了职，并很快找到了一份新的工作。

刚到新公司的时候确实很顺利，她和我聊天提到办公室环境如何如何单纯，我也为她终于找到了适合自己的工作环境而感到开心。

然而，两个月之后，她再次陷入了同样的人际困境，觉得自己很难和同事们相处，每天都心神不宁，导致没有精力投入工作。

她委屈地问我："杨老师，我就想找个简单的工作，大家都和和气气的，简简单单的，怎么就这么难呢？"

··· 3 ···

在这位来访者的心里，她期望的人际关系是和谐的、友爱的、简单的、没有冲突的。

可是人与人相处怎么可能没有冲突呢？

要知道，就连父母和子女之间、最亲密的爱人之间，都无法避免争吵，基于利益合作的同事更不可能没有冲突。

这位来访者人际关系困扰的根源，就在于自己对职场关系不切实际的构想。她拼命追求一个根本不存在的幻象，当然会持续地痛苦。

事实上，执着于追求不存在的东西——这是很多来访者表现出来的共性。比如，要一份完美的工作，要一个完美的伴侣，要一个完美的孩子，等等。仿佛只有当世界呈现出他们理想中的样子，他们才能真正地摆脱痛苦。

殊不知，这世上任何事、任何人都不存在真正的完美。我们要做的便是打破幻象，理解并接纳真实，包括接纳自己的失望。

··· 4 ···

我有次乘坐飞机出差去办一件极其重要的事情，如果有任何闪失，意味着我很长一段时间以来的工作努力将付之东流。结果我到了机场发现，那趟航班偏偏因突发事件取消了。

那一瞬间，焦急、愤怒、懊悔等复杂的情绪立刻涌上心头，我的脑海里闪现出无数的"如果"：如果我能早一点儿出发，选择另外一趟航班就好了；如果出差的日期不是今天就好了；如果那件事对我来说没那么重要就好了……任何一个"如果"的发生，都能够让我避免当下的痛苦和失望，可人生没有"如果"。

经过短暂的调整，我放弃了有关"如果"的思考。事实已经发生，我只需坦然接纳。

　　我还记得，那天我在机场书店里买了一本喜欢的书，然后找了一家咖啡店，边读书边喝咖啡，度过了一个美好的下午。

　　人生的旅途，总是难免遭遇失望。有时候是别人让我们失望，有时候是自己让自己失望。当失望来临的时候，与其愤恨地指责别人或攻击自己，不如坦然地接纳它。

　　当我们懂得接纳时，沿途的苦难都会变成宜人的风景。

在点滴的改变中，遇见更好的自己

你的朋友圈里有没有这样的人：每年年初，都会因上一年的虚度而悔恨不已，他们仔细盘点着过去在生活和工作中未能完成的事情，并立志在新的一年里"脱胎换骨"。于是，他们郑重地列出了自己的新年计划——每一项都艰巨而复杂。

转眼半年过去了，他们遗憾地发现，年初列出的计划，早不知从什么时候起就被自己搁置在一边，生活还如往常般随波逐流。

新年计划里那些豪言壮语，再次变成了一个笑话。

看着落满灰尘的计划标签，他们的内心不再泛起一丝涟漓，因为"反正也做不到，干脆就不难为自己了""今年也就这样了，期待明年重新来过"……

想健身、想阅读、想学习新知识……那么多美好的追求，很多人之所以很难坚持完成，并不是因为这些事本身有多难，而是因为他们用错了方法。

···2···

朋友小亮在前段时间的体检中，检查出了"三高"——高血压、高血脂、高血糖。

医生指着体检报告上几组带小箭头的数值，嘱咐他一定要注意养成健康的饮食和生活习惯，不然很可能诱发中风。

听完医生的劝诫，小亮心有余悸，并下定决心多运动，誓把"三高"数值降下来。

小亮选择了早起跑步。刚开始的时候，早晨6点钟，大多数人还没起床，小亮已经跑步结束，并在朋友圈准时晒照"打卡"。

第一天7公里、第二天8公里、第三天缺席、第四天缺席、第五天10公里、第六天缺席、第七天缺席……没过几天，小亮的"打卡"便在朋友圈彻底消失了。

实际上，小亮之所以无法坚持，是因为他陷入了"自杀式努力"。

他不顾身体情况，违背锻炼常识，一上来就超负荷地跑步，且持续"加码"。这样的运动当然很难坚持下去，也容易透支身体，得不偿失。

··· 3 ···

美国行为设计学创始人福格博士认为，一切行为都可以设计！而行为设计的关键准则，是简单。

人类与生俱来的天性，决定了我们大多数人很难长期坚持做让自己感觉痛苦的事情。那些艰巨的目标或任务，常常让我们在执行的过程中逐渐对自己感到失望，最终选择放弃。

以小亮的健身计划为例，早起跑7公里，对于任何一个初次尝试早跑的人来说都不是一个简单的任务，但如果他把

"早跑7公里"换成"午休时间做10个深蹲",是不是就简单多了?也更容易坚持下去?

总之,我们要想改变自己,重点不是大刀阔斧地对自身进行"改革",而是先从养成一个个的"微习惯"开始。"微习惯"也许没那么吸引人,却是一种可持续的成功。

关于"微习惯"的建立,福格博士提出了一套"ABC理论",即锚点时刻(Anchor Moment)、新的微行为(New Tiny Behavoir)和即时庆祝(Instant Celebration)。

锚点时刻是一种提示,驱动我们去执行新的微行为。它可以是某个日常的生活习惯,或者是某件每天必然会发生的事情。利用这些锚点时刻,我们可以顺带完成新的微行为,比如午休时间练习深蹲,开车途中听本书,等等。执行完微行为,别忘了即时庆祝,让自己产生积极的情绪,可以是小小的自我鼓励,比如告诉自己"我真的很棒"。

··· 4 ···

每个人的自我改变,都是一个循序渐进的过程,最忌讳的就是自己的急切心态。

我们要学会做时间的朋友，相比隔三岔五来一次剧烈运动，每天10分钟的锻炼，更容易坚持，效果也更好。

不仅仅是运动，凡是我们想做出改变的地方，比如学习、阅读、交友等，都可以先从建立一个"微习惯"开始，简单、轻松地逐渐完成改变。

所有改变的发生，都应该是为了通向更美好的体验性自我，而不是为了迎合外界或自身的某种偏见。

换言之，我们不必为了改变而刻意地、痛苦地改变，学会建立"微习惯"，改变就成了一件易于坚持的、愉悦的事。在点滴的改变中，我们终将遇见更好的自己。

正如纪伯伦所言：如果有一天，你不再寻找爱情，只是去爱；你不再渴望成功，只是去做；你不再追求空泛的成长，只是开始修养自己的性情；你的人生，一切才真正开始。

你那么焦虑，也许是缺少这种能力

最近几年，我身边突然冒出了很多创业者。

他们每天做着千篇一律的创业"规范动作"：刷咨询、混圈子、找人脉，参加各种可能给自己带来资源的活动……好像新世界的大门即将开启，只要有个新奇的创意，明天自己就能成为第二个比尔·盖茨。

我曾和一些创业成功者深度沟通过。他们描述了自己被聚光灯照不到的另一面：那些创业过程中付出的艰辛，那些无数次深夜里的痛哭，那些多少次想放弃却心有不甘的挣扎，活脱脱一部血泪史！组建团队、融资、项目开发……在整个漫长的创业过程中，每个环节都充满了坎坷。

我发现，创业从来都不是一件容易的事。

很多人只看到了各种媒体报道中成功者们快意、光辉的一面，却忽视了他们背后无数的挣扎和困苦。这使他们形成了一种认知上的错觉：成功，好像是一件信手拈来的事情。

··· 2 ···

我们的认知，很大程度上由外界的声音构建。

我们总是缺乏独立思考，常不假思索地认为，我们所看到或听到的世界，就是真实的世界。

在这种认知错觉的基础上，我们对自我价值进行了重估：既然成功是一件容易的事，那么如果我不成功，岂不是说明我很差劲？

谁能够心甘情愿地承认自己差劲？于是，我们选择不遗余力地去证明自己能行、自己能成功。

追求成功本没有错。无论是世俗意义上的成功，还是自我价值体系内认定的成功，只要能够给你带来真实的满足感、存在感，都是值得追求的。

问题在于，如果你低估了追求成功的难度，如果你缺乏对自己能力的正确评判，一味追求快速的成功，那么在可能遇到的压力和困难面前，你就会陷入极度的焦虑和迷茫，从而耗尽自己的心理能量。

··· 3 ···

大多数人的焦虑，其实都源于缺乏"延迟满足"的能力。延迟满足是指一个人能够放弃当下短暂即时的满足，甘愿等待更有价值的长远结果，并在等待中展示的自我控制能力。

关于"延迟满足"，心理学界有一个著名的"棉花糖实验"。

20世纪60年代，在美国一所幼儿园里，研究人员找来数十名年龄相近的儿童，让他们每人单独待在一个小房间里。房间里的桌子上，放着孩子们爱吃的棉花糖。

研究人员告诉这些儿童，他们可以选择马上吃掉棉花糖，也可以等研究人员回来时再吃，但是，他们若坚持到研究人员回来后再吃，作为奖励，他们还可以再得到一块棉花糖。

结果，大多数孩子坚持不到3分钟就忍不住吃掉了棉花糖，只有大约三分之一的孩子成功延迟了自己的欲望，得到了奖励。

此后十几年，研究人员继续对参与实验的孩子们进行跟踪观察，最终得出结论：那些为了获得奖励而付出等待的孩子，比那些缺乏自制力的孩子更加容易成功。

··· 4 ···

"延迟满足"可以说是当代人普遍缺乏的一种能力。

看看我们周围，有多少人沉迷短视频欲罢不能，只因无法舍弃感官刺激带来的短暂快乐；有多少人下定决心想要减肥，健身几天后感觉体重没什么变化，于是宣告放弃；有多少人立志养成每天早起阅读的习惯，结果没坚持几天，手中的书又变成了手机……

就像我在前文提到的那些迫切追求成功的创业者们，实际上他们追求的只是"即时满足",比如,"创业者"这一身份能帮助他们快速实现虚妄的自足,"高大上"的虚假光环能立刻为他们迎来别人崇拜、艳羡的目光。

因为缺乏"延迟满足"的能力,他们既未在心态上做好准备,又无法在个人能力方面不断提升自我,所以一旦遇到真正的困难,他们便毫无应对之法,从而陷入焦虑和痛苦。

··· 5 ···

那么我们如何才能养成"延迟满足"的能力?

（1）找到自己的节奏

我们在生活中总是习惯性地给自己找"参照系",以此确认自己的位置。

对于"参照系"的选择,很多人会不自觉地投向外界:

"小张刚刚换了豪车！"

"小王最近升职了！"

"小李嫁给了大老板的儿子！"

……

记住，不要让外界信息过度干扰我们对自身价值的判断，我们需要找到自己的节奏，坚信自己哪怕每天只进步一点点，最终也将到达向往的远方。

（2）牢记自己的目标

没有什么事情是一帆风顺的，我们在追求成功的道路上必然会遇到挫折。

面对挫折，由于心智模式的不同，每个人的表现便不同：有人会被挫折打败，直接缴械投降；有人则越战越勇，最终走出低谷。

当我们的意志被挫折动摇的时候，我们不妨试着问问自己：

"我原本的目标是什么？"

"目标完成的时候是什么样子？"

"如果目标实现了，我会有多满足？"

牢记自己的目标，也许我们就不会那么容易放弃。

（3）在小事中"驯服"自己

"延迟满足"的能力，本质上是专注力和耐力的叠加。这两种能力的提升，需要我们从小事开始练习。

以我自己为例，我在工作的时候，为避免分心，会刻意将手机放到较远的地方，专注于完成眼前的工作。另外，我在生活中习惯给自己列一些易于实现的计划，比如坚持21天跑步，运动量小一点没关系，重要的是一定要去执行。

总之，通过小事"驯服"自己，逐步提升自信，我们最终才能养成"延迟满足"的能力。

人生难题特效药

因为工作关系，我最近认识了一位女性企业家。

这位企业家很厉害，用了两年的时间就把公司做到了行业第一，公司规模日益壮大，最近正在忙着公司上市的事。

一次和她聊天，我说："现在应该是你人生中的高光时刻吧？你人生最灰暗的时候，是什么样的呢？"

接着，她便给我讲起了创业之前的一段经历。

那时候，她刚刚开始自己的第二段婚姻生活，不久怀上了第二个宝宝，正当她开心地等待着新生命到来的时候，却意外地发现老公出轨了。她老公倒也"敢作敢当"，坦然承认自己爱上了别的女人。

于是，在生下第二个宝宝后，她结束了这段婚姻，带着两个孩子离开了家。离婚后，因为没多少积蓄，她很快在经济上就捉襟见肘了。

有一次，她让朋友帮忙代购奶粉，朋友告诉她奶粉费2000元，她突然发现，自己翻遍所有的银行卡，都凑不出来2000元钱。

从那一刻开始，她决定做出改变，去创业，给孩子创造更好的生活。

当命运将她推向人生的谷底，反倒激发出了她内在惊人的力量。后来，她通过不懈的努力最终成就了现在的事业。

··· 2 ···

我的来访者小陈，人生一直处于一种痛苦的状态。

提起自己痛苦的原因，他说："我始终不明白，为什么我妈妈就不能像别人的妈妈那样理解和支持孩子，而是一味地要求我听她的话呢？"

听完他的话，我知道这又是一个"真实自我未被看见"

的案例。

　　因为真实的自我从小未被看见，小陈在成长过程中习惯了回避和母亲的沟通。当有些事不得不需要沟通的时候，他通常都会被无意识的愤怒主宰，选择和母亲大吵一架。

　　小陈找我咨询过很多次。

　　最初，几乎每一次我都和他强调："你妈妈也许就是无法理解你、支持你，那你能不能接受这样的事实呢？"

　　小陈不会正面回答我的问题，而是一次又一次地向我倾诉母亲最近又如何跟自己发生冲突，自己为此如何伤心，等等。

　　每当这个时候，我都会安慰他："我看见你很痛苦，但是没关系，现在时间还没到，总有一天你会发现自己再也不会为此痛苦。"

　　直到最近一次咨询，他对我说："我不再期待我妈妈能理解我，我也没以前那么痛苦了，而且我发现，有些时候她是理解我的。"

　　我知道，小陈痛苦到极点后终于"放手"了。

　　很多时候，我们期待对方能拿出100分的表现，可是对方只能做到60分，这种心理落差就是我们痛苦的根源。可当我们学会"放手"，主动降低自己内心的期待，甚至不抱期待——哪怕0分也能接受，这个时候对方表现出的60分，带给我们的自然就变成了快乐和惊喜。

··· 3 ···

有朋友问我："很多人都想改变自己，比如想早起、想运动、想控制自己的情绪，可为什么很难真正做到？"

这个问题如果从心理分析的角度理解，答案有很多种，比如，因为无法做到延迟满足，因为从这些事情上很难获得愉悦感，缺乏驱动力，因为这些事情是"超我"发出的指令，而"本我"又与之对抗，等等。

但在我看来，这个问题的最佳答案是：因为还不够痛苦。

痛苦，常常能为我们人生中遇到的很多难题催生出两种特效药：一种叫"干吧"，另一种叫"算了吧"。

··· 4 ···

　　我非常喜欢的作家王小波曾说："人的一切痛苦，本质上都是对自己无能的愤怒。"

　　这句话可以理解为：大多数人的痛苦，是因为既没有像那位女性企业家那种"干吧"的勇气，又缺乏像来访者小陈那种"算了吧"的坦然，最终将自己置于痛苦的境地。

　　我赞赏那些在痛苦中激发勇气并实现绝地反击的人，他们是斗士；我也赞赏那些能够对人生难题说"算了吧"的人，他们是智者。

　　不畏困难固然可贵，我也认同每个人都需要"干吧"的勇气，但当遇到无解的难题，还有比"算了吧"更好的解答方式吗？

　　不要小瞧"算了吧"，它还有一个"高大上"的名字，叫"与自我和解"。

　　重申一遍，人生难题特效药，一种叫"干吧"，另一种叫"算了吧"。

　　对症下药，百病全消。